主管的兩難抉擇

全能主管的必經之路

何飛鵬

《商業周刊》超人氣專欄作家

暢銷書《自慢》系列作者

身為主管——

要關注大事，還是重視細節？

要親力親為，還是放手授權？

人才要親自培訓，還是挖角外部即戰力？

是要保持威嚴，還是要容易親近？

在每一次的兩難中，做出正確且有效的選擇，

完成任務，同時贏得敬重！

目錄

PART 2 工作篇

PART 3
用人篇

第22章 畏懼 vs. 尊敬

第23章 懷疑 vs. 信任

第24章 使用 vs. 栽培

第25章 **威權vs.親近**

第26章 **原諒vs.責難**

自序
主管要是千手觀音

服預官役的第二年，北軍團舉辦橄欖球比賽，我接到師長的派令，派我為三三三師橄欖球集訓隊教練、兼管理員、兼隊長，並且給了我將近三十個隊員，展開集訓參加比賽。

開訓第一天，我問每個隊員：「你打哪一個位置？」竟有許多隊員都告訴我：「不知道。」原來他們竟然都沒打過球，只不過因為身材壯碩，所以被派來打球。

我不得已，只好一個個教。橄欖球比賽每場上場十五人，有十個不同位置，每個位置需要的技術和專業都不相同。事實上，過去我也只打過三、四個位置，對其他位置的技術也不太了解，但身為教練，我就責無旁貸，必須要會教。我就這樣硬著頭皮，每個位置一個一個教，我不能說不會，總要在困難中找出方法。

我逼不得已，只好扮演「千手觀音」的角色，事實上，在我的人生歷程中，也經常扮演千手觀音的角色！

我創業的第一年，組成了一個三十幾人的團隊，每個人都是我應徵來，也給每個人安排了職位。有的人曾工作過，會自己做事，但大多數人沒做過，完全要靠我教導，我理所當然要熟悉每個職位、每個功能、每種角色，要知道如何教他們，我只好變成什麼事都會做的「千手觀音」。

後來我當主管，要帶領團隊，也是一樣什麼事都要會，只要是部屬不會，主管就要會做；只要是部屬做不到的，主管就要有能力，協助部屬完成。主管要概括承受部屬的不足，整個團隊缺什麼，主管就要把缺陷補起來，所有的人都可以說不會，只有主管不能，一定要像千手觀音一樣會做所有的事。

我很清楚的體會主管要是「千手觀音」的道理，尤其是小公司的主管。規模大的公司，組織架構很嚴謹，各種部門分工設職，各種專業有專人負責，所以主管只要管部門內的事就可以，不太需要會所有的事。

但是小公司不一樣，尤其小公司的主管，人少事繁，分工不清，任何事都要會，自然就要練成「千手觀音」。

好的主管，必然要是千手觀音，可是大多數的主管剛升任時，通常都是能力不足的，如何培養成「千手觀音」呢？

要成為千手觀音，最重要的前提是認知，要知道當上主管，就會面臨各種考驗、困境，身為主管，絕不可退縮，只能勇往直前，就算當下能力不足，但只能下定決心立即補足，立即學會，這就是不能說不會的認知。

有了不能說不會的認知之後，接著就要培養快速學習新生事物的方法。快速學習的第一步是弄清楚新生事物的來龍去脈，而問人又是最有效的方法，任何事物都有參與的關係人，把所有關係人找來，鉅細靡遺的仔細詢問、了解；第二步則是找書閱讀，現在是線上訊息無所不在的時代，網路與書，都可以找到解答；最後一步則是自學，自己給答案，有心學習，一定可以找到路。

二刀流主管

企業經營常會面臨兩難抉擇：要關注大事，還是重視細節？決策要明快果決，還是審慎思考？要眾議，還是獨斷？用人要信任，還是懷疑？要相信性善，還是性惡？

要親力親為，還是放手授權？團隊要內升內訓，還是挖角外求？工作上要強調管理，還是經營？類似的考驗不勝枚舉，主管常要在兩者擇一，如果選擇正確，組織經營順利成功，如果錯誤則萬劫不復。

這些兩難抉擇，有些是位於光譜的兩個極端，如進取或保守，如明快或審慎，如信任或懷疑，如關注大事或細節……，這兩者之間明確是對立的，絕對不可相容，選擇其一對另一個是絕對的否定，其後的邏輯思考是南轅北轍，不可能並存。

這種光譜的兩個極端，對主管而言，常依個性的差異、信仰的不同，而選擇不同的決定。以我自己為例，我的個性關注大事，不耐細節，所以只重大事，而忽略細節；我心急口快，任何決策講究快速而果決，不喜思慮再三、猶豫不決；我個性強悍，對所有事自有主見，因此任何決策，通常獨斷獨行，不太參考別人的意見；也因為我相信自己，因此做起事來，常親力親為，不太相信別人；同樣也因為相信自己，我偏愛自己訓練出來的員工，不太對外徵求。

大多數主管在面臨兩難抉擇時，都是明確的選擇一邊，以作為工作上的主流價值，一切以此為依歸，相信一種價值，只會一種方法，這是「一刀流」的主管。

這種一刀流的主管我當了許多年，剛開始也沒覺得有什麼不對，可是日子久了，慢慢發覺只會一種方法，似乎不太夠用，也常常發覺其中的弊病。

以關注大事為例，我本以為大方向做對了，事情就解決了，可是事實上，許多事情解決不了，我才逐漸發覺：魔鬼藏在細節裡，如果小事、小細節沒處理好，事情是做不好的。從此，我才開始學習關注細節，開始注意做事流程、方法、步驟，我慢慢學會不斷把大事拆解成小事、小步驟，再把所有的小事搞定，從此我變成不只關注大事，也重視細節的人。

又以決策明快為例，我的快速決策雖然有時效之利，但如果做錯決策，就是災難。我慢慢發覺，快不快不重要，要做對的決策才重要，於是在明快果決的同時，我開始多給自己一點時間，多思考一下，用審慎平衡果決，這也得到更佳的決策品質，我也變成一個又快速又緩慢審慎的人。

我逐漸覺醒，只要是兩難的抉擇，不論是光譜的哪一邊都有道理，一定不可以只會使用一邊的邏輯，而放棄另一邊，必須要兩邊都能用，也都要會用，這樣才是一個好主管。

主管要是二刀流：能相信部屬，必要時也要會懷疑；要親力親為，也要能放手授權；能自己培訓團隊，也要能外求挖角。二刀流的主管才是功能完整的主管。

如何成為二刀流的主管？

主管在做任何決定時，經常會遭遇兩難抉擇，例如要積極進取做事呢？還是要審慎保守呢？這兩者之間沒有絕對的好與壞，但大多數的主管都會習慣性選擇某一邊。每次都會選擇同一邊做事，只會用同樣的方法做事，這種人是一刀流主管，是被工作慣性限制的主管。

真正經驗豐富、工作成熟的好主管，都是二刀流主管，遇到任何兩難的抉擇時，不會習慣性受限於哪一邊，而會開放性的思考，哪一邊的決定是最佳解，就選擇那一邊。所以決定經常南轅北轍，宛如不同的人一般，這樣才能做出最正確的決策。

為什麼大多數的主管是一刀流的主管呢？因為人都有慣性，也都有個性，性子急的人決策快，所以常快速做決定，這是習性，很自然就變成決策快速的人，這種人如果不經過刻意的修飾，永遠是一刀流的快速主管。

一刀流的主管，要如何變成二刀流呢？

首先每個人都要先理解，事情總有兩面思考，有快就有慢，有大就有小；有宏觀就有細微，有嚴厲就有寬容；有信任就有懷疑，有獨斷就有眾議⋯⋯。任何事總有兩種對立的情境、作為與思考，選擇其中任何一邊，都會有截然不同的結果，而這兩者通常沒有絕對的好壞，而只有相對的好壞，只有每次因時、因地而制宜，選出當時的最佳解，才是最聰明的決定，所以主管絕對不可以有固定的慣性。

理解事情相對的兩面之後，每個人都要告訴自己，絕對不要偏好其中某一種，要開放性的去選擇其中一種，這樣才不至於陷入個人的習性，而拘泥於其中一種。

開放性的思考只是二刀流的第一步，目的是要不受限制，但這還不夠，要做到真正的二刀流，要進行「雙邊重複思考」。

主管在做任何兩難抉擇時，可以先直覺的選擇其中一邊，進行邏輯推演，並做出最後的決策或者決定。然後暫時放在一邊，接著再選擇另一邊，也同時進行模擬的沙盤推演，也一樣做到最後的決策。

做完雙邊的決策思考之後，再比較兩者的利弊得失，再做一次最佳的選擇，這就是「雙邊重複思考」。

如果時間充裕，情境許可，如能進行雙邊重複思考，把對立的兩邊都進行徹底的推演，自然容易找到最佳解。問題是如果時間環境不許可呢？

其實每個人都有慣性，以我自己為例：我是一個性子急，且積極進取的「子路型」的人，我當然了解自己的個性，雖然時間情境不許可我做雙邊重複思考，但是我可以刻意扭曲自己的個性去平衡我的決策啊！

我的方法很簡單，我是進一步的人，我就刻意退一步想；我性子急，我就刻意慢一點下決定，這就是扭曲個性的平衡做法，這也有可能使自己變成「二刀流」的主管。

如何面對價值觀衝突？

主管在面臨兩難抉擇時，我們期待一個真正的完美主管，要是二刀流的兼容並蓄，既可快，又可慢；既可進取，又可穩重；既可信賴部屬，又要保持高度的警覺性；既可大處著眼，又可關注細節；既可聚焦現在，又可放眼未來。二刀流的兼容並蓄，代表主管的思慮周延，可以面對所有狀況，不有所偏失。

可是大部分的二刀流，都代表了兩個對立的價值觀，例如快對於慢，進取對於保守，信任對於懷疑，大處對於細節，這些都是對立的兩個極端。一個主管又如何能同時兼具兩個對立的價值觀呢？

這確實是極大的價值衝突，我也曾經徘徊在兩極端的衝突中，不知如何是好，經過無數次的試誤之後，才逐漸找到答案。

以積極進取與審慎保守為例：我做事時，一向是積極進取，而大多數是，積極進取也讓我嘗到甜美的果實，得到好的結果。可是偶爾有幾次，太過積極的結果是失敗，我開始檢討這其中有什麼問題、我為什麼會失敗，得到的結論是：我太快下決定，操之過急，沒有看到其中隱藏的風險。比較妥善的做法是，要多想一想，要審慎些，要保守些，這樣我就不至於失諸操切，過猶不及。

問題是大多數積極進取都是對的，我又怎麼能知道，何時該審慎保守呢？

我開始去歸納那些操之過急而犯錯的決定，我發覺其中都具有共通的特點，就是通常都牽涉重大，影響深遠，而且過程很複雜，從此我得到一個清楚的例外法則，只要是重大事務，影響深遠者，就不可以明快果決的做決定，必須思慮再三。

我得到另一個規則是，有充分時間思考的決定，絕對不可匆促。我本來的習慣是，許多事我一眼就看透，很快就下決定，就算有足夠時間，也不再多想。而當這種決定我卻也犯錯時，我深為此懊悔，從此，我立下另一個規矩，非要到最後的決定時刻，我才會下決定，要充分利用時間思考。

這兩個例子，說明了要解決價值觀的衝突，做法是先立一種價值，用同一種價值觀做事，再針對所發生的壞的結果，訂立例外法則，當這種例外情境發生時，就要用對立的價值觀思考。

例如主管做事時，都要以解決當前的問題為主要著眼點，但如果一直如此，難免失諸於短視近利，因此，就要訂定一些規則，每年歲末年終時，就要想一想未來全年的規則，而每隔一、兩年，也要規範自己，要想一想未來數年的計畫，這樣才可以長短兼備。

再例如：對團隊基本要信任，但若信任沒有得到好結果，那就要檢討，是人的問題，還是事的問題？以後再遇到類似的人，就要再三檢查，不可一味信任。

價值觀衝突，是主管必經的考驗，而先立足一端，再學習如何適用另一端，可以用例外情境視之，就可兩者兼備。

PART 1

觀念篇

第1章

我 vs. 我們

主管心中隨時隨地想的是誰？

是我，還是我們？

從我到我們

剛當上主管時的我，心中想的全是「我」，「我」要完成組織交付的工作，「我」要有好的成績，「我」要帶領團隊，「我」要如何學習成長……

當組織交付任務時，我先想的是「我」要怎麼做？我能做什麼？我把所有重要而困難的工作都承擔下來，接下來才把一些不重要的事交給團隊，不論任何事，我都搶做了大部分的事，團隊對我而言，完全可有可無。

我其實並不是不重視團隊，我非常重視團隊的感受，我只是不知道如何用團隊，不知道他們也應該為所有的工作負起責任。

這種狀況持續了好一段時間，直到我遇到一個老前輩，我告訴他我每天忙得團團轉，他問我，你的團隊呢？他們都在做什麼？你為什麼不把工作都分給他們呢？他還告訴我，工作是由團隊合力去完成，並不是由主管一個人完成，我才恍然大悟，我根本忘了如何帶領團隊。

從此我的心中開始有了「我們」，做任何事，我心中會先想「我們」，「我們」

該怎麼做，「我們」如何分配工作，「我們」如何一起完成。

我花了很長的時間，終於改掉了我的說話習慣，當我面對團隊，面對長官，面對外人時，我不再說「我」，一概以「我們」代替。我要與整個團隊榮譽與共，完成一切的任務。

我終於分清楚主管心中「我」與「我們」的分野，當我要承擔責任時，絕對責無旁貸，那就是「我」，我不能要團隊和我一起負責。可是當要工作時，當要回饋時，當要論功行賞時，當要動員激勵時，我心中都是「我們」，我嘴巴說的也是「我們」。一個成熟的主管，心中要有「我」，也要有「我們」，要準確的界定兩者之間的分野，千萬不要錯置這兩種角色。

1. 最是艱難惟無我

主管心中永遠有一個小我，我的利益，我的名位，我的前途，我的未來，當心中想著小我，就無法公正做事，以全體團隊為念做出團隊最大利益的事。

有一次我要調任一位主管去整理一個虧損單位，這位主管堅持拒絕。仔細跟他溝通之後，他終於說出了事實的真相：他覺得在原有單位駕輕就熟，獲利也穩定，而新單位困難重重，前途未卜，去新單位是去跳大坑，因此他拒絕前往。

另有一次，我們要在中國啟動的業務，需要派人前進大陸，我一直苦無合適的主管人選，於是在主管會中徵詢大家的意見，看看是否有人願意請纓上任，但卻無人作聲，最後我只好說：如果真的沒人願意去，那我只好自己去了！

過了一星期，一位主管來找我，說他願意去，我十分意外，因為他結婚不久，且小孩年幼，去了中國勢必與家人相隔兩地。他告訴我，他這一去對家庭是很大的犧牲，可是他認為不能讓最高主管御駕親征，且我年歲已大，這樣做太為難我了，再說，公司興亡，匹夫有責，他身為主管，願意犧牲下海，這讓我感動莫名。

這兩位主管遇到類似的情境，卻做了截然不同的決定，其間的差異在於心中一個「有我」、一個「無我」。

組織中，大多數主管的心中「有我」。我是主管，我代表整個單位，我努力工作，我完成任務，我英明神武，我享受光環，這是組織中的「大我」角色。

主管心中還會有另一個「小我」，我的頭銜，我的名位，我的權力，我的利益，我的前途，我的未來。

「大我」是好的，是積極任事的態度，促使主管勇於承擔，完成組織交付的任務。可是「小我」就是不可迴避的陰暗面，常讓組織陷入困境。人不可能沒有「小我」，不計較「小我」，可是如果恣意縱容「小我」橫行，對個人、對組織都是傷害。

過度的小我，會使主管遇到任何變動，心中想的是我的權力是否減少，我的利益是否受損，我的前途是否受影響。如果是，勢必採取各種反制作為，如果對方也反制，就會陷入無休止的政治鬥爭中。

過度的小我，也會陷入爭功諉過。有壞事發生，首先想的是推責與避責；有好事發生，想的則是如何卡位插一手，讓自己也可以得到光環。

過度的小我，也會放大個人的利益，而無視於組織的需要。對組織艱難的任務派遣，小我優先的主管通常都會拒絕，選擇留在舒適圈，這樣的主管通常會被組織逐出核心團隊，不算是組織重視及培養的人。

人不可能無我，也很難無我，但作為主管及領導者，必須要限制小我的無限擴張，更要以「無我」自許，才能成為好的領導者。

2. 請用「我們」替代「我」

當我要做任何事時，我不再從「我」開始想起，我先想「我們」要一起怎麼做：我先把所有的工作分成幾個部分，從專長別和功能別思考，誰應該扮演什麼角色？誰應該做什麼事？從團隊的角度做最好的分工，我在其中可有可無，有合適的角色，我義不容辭；沒有合適的角色，我也樂得從旁協助。

身為主管的人，通常具有一種雄心，要完成一番豐功偉業，他們一向全力以赴，努力做事。

身為領導者的人，他們也有帶領團隊的氣派，指揮團隊完成任務。他們會有這些特質，都源自他們的自信，他們相信自己是人上之人，能完成別人做不到的事，他們也相信自己是好的領導者，能使團隊發揮整合的力量，完成不可能的任務。

他們相信自己，相信「我」能做到，相信「我」能改變世界，而團隊只是他完成任務的工具，「我」高高在上，指揮團隊，他們聽命辦事。

當主管心中只有我，團隊就被一分為二：我以及他們，我做我的事，他們做他們的事；我指揮，他們做事，兩者似乎不是在做同一件事。

當主管心中只有我，團隊就被工具化，團隊只是主管做事的工具，他們對所做的事沒有認同，沒有感覺，只有聽命辦事。主管走在前面，團隊在後面默默的跟隨，兩者之間缺乏互動，也沒有一體的感覺。

這是喪失核心價值的團隊。活在團隊中的主管才是真正的主管，一旦離開團隊中的「我們」，主管一個人的「我」，就變成孤單的個人，起不了作用，成不了氣候。

我是在創業五年之後，才體會到我犯下的錯誤。創業的前五年，我的心中沒有團隊，只有我，我要完成任務，我要做到業績，我要逆轉公司營運，我雖然也會指揮團隊做事，但我們始終不是一體，我是我，團隊是團隊。

這五年裡，我歷經長期虧損，也一再檢討，卻始終找不到答案。最後我開始檢討自己，也檢討團隊，發覺「我們」（我和團隊）似乎沒有把力量發揮到極致，我們各做各的，沒有手眼協調，同心協力。

我覺得我沒有融入團隊，應該是績效不彰的最大原因。從此之後，我心中逐漸放棄「我」，開始從團隊的角度想「我們」，而我只是團隊中的一分子。

當我要做任何事時，我不再從「我」開始想起，我先想「我們」要一起怎麼做：我先把所有的工作分成幾個部分，從專長別和功能別思考，誰應該扮演什麼角色？誰應該做什麼事？從團隊的角度做最好的分工，我在其中可有可無，有合適的角色，我義不容辭；沒有合適的角色，我也樂得從旁協助。

更重要的是：我與團隊的心靈交會。我向所有人提出「我們是一個團隊」的概念，我們一起承擔責任，一起享受成果。我花了許多年學會用我們取代我，這也是每個成功的主管必須歷經的過程！

3. 誰來制衡執行長？

執行長是最高主管，上面只向董事會報告，可是所有的例行工作，都授權執行長決定，那要誰來制衡執行長呢？執行長的自知與覺醒，極為重要。

如果一個公司是執行長制，那麼誰來管理執行長的日常費用與運作？如果一個公司是董事長制，那麼又是誰來管理董事長的日常費用呢？

最能表現組織特質的，莫過於管人與管錢的系統。管人的系統是管理權及指揮系統，指揮系統是組織中的每個人都有歸屬，屬於某個單位，主管是誰，向誰報告，層層向上，以至於組織中的最高主管。組織中每個人都有主管，都有人管理。

管錢的系統，通常是以核決權限管理。組織通常會訂定核決權限，明定各種金額的核准權限，通常是五千、一萬、三萬、五萬、十萬、二十萬、五十萬、一百萬……，採行什麼級距，金額多大，就看公司的規模而定，一般而言，通常要執行長簽核的金額約在百萬左右，以下的金額則授權各級主管核定。

所以組織運作的基本原理是人人有歸屬，人人有人管理，而所有的錢也是有人管理，任何支出都要有權責人士，負責核定批准。

可是如果按照這個人人有管理，事事有歸屬，錢錢有控管的邏輯，那麼最高的主管又歸誰來管理呢？

如果公司是執行長制，執行長的報告對象是董事會，可是董事會通常幾個月召開一次，而且管的也只限於公司的重大決策方向，不會管理執行長的日常費用開支，那麼執行長的支出由誰來管理呢？

舉例而言，如果執行長要請客吃飯，買東西送禮，要出國搭飛機，坐什麼艙等？住什麼等級的旅館？這些費用，除了執行長自行決定外，有沒有任何人可以制衡呢？

一般而言，執行長制的公司，執行長通常是董事會重金禮聘而來，聘用時一定會議定全包式的薪資酬勞，嚴謹的公司通常會包含各種福利及工作細節，其中有關個人支出可能也包括在內，因此不至於產生誰來批准的問題。

可是權傾全公司的執行長真的就不需要制衡嗎？

當然要，執行長也是人，也會犯錯，可是在公司體制的設計上，如果執行長沒有例行的制衡機制，那麼要如何制衡呢？

要靠執行長的自知與覺醒，以我自己為例，我自知常有衝撞體制的創意作為，而體制上也沒有人可以制衡我。因此我為自己設計了一個制衡機制。

我告訴所有的直屬主管，當看到我有不妥的決策、言語、行為時，都應該直言不諱的提醒我，這時我只能傾聽，我不能生氣，也不會生氣。

聽完之後，如果我接受提醒，我會謝謝提醒我的主管。如果我不接受提醒，仍然一意孤行，那麼我需要再一次向所有主管說明我的動機及原因，以獲得大多數主管的理解。

我為自己設計的制衡機制，避免了我許多的犯錯，當部屬可以直言糾正我的作為時，這就是最佳的制衡機制。

第2章

員工vs.同事

主管眼中的團隊成員，

是員工還是同事？

員工還是同事

對主管而言，所有的團隊成員都是部屬，對所有的創業家而言，所有的成員都是員工，這是非常明確的上下關係，上對下命令，下對上服從，是冰冷的從屬關係。可是主管眼中，不應只有員工與部屬的關係，還要有更溫暖、更和諧、更密切的關係，這種關係稱為「同事」。

同事是平等的，同事是友善的，同事也是合作的，同事之間是可商量的，彼此用溝通來達成共識。主管帶領團隊最好的觀念是把所有人視為同事，既是同事，就要協調合作，友善溝通，達成共識，完成任務，而不是用命令，要求部屬照表操課。

當我剛升任主管時，我不太敢行使主管的權力和威嚴，因此我只能視團隊成員為「同事」，同事就是平等的，我和他們的地位是一樣的。那時我極少下命令，所以我的人際關係是好的。

可是當我創業時，我把大多數人視為員工，我通常都直接下命令。我發覺團隊開始與我有距離，他們會躲著我，會害怕我。當我察覺到這種人際關係的緊張感時，我開始嘗試改變，用「同事」來看待所有的人，後來發覺這才是對的態度，團隊更願意和我一起打拚，我得到團隊的認同。

4. 員工、部屬、團隊、同事

當我用團隊來看待所有人時，他們就不再是生產工具，我們變成一個有溫度的群體，某個程度像「家人」，是工作上的家人，為這個工作上的「家」，我們願意做任何事。

同事則是一般的稱呼，在非工作的場合，我會說：這是我的同事，同事是平等的，是沒有高下之分的，當同事覺得他和我是平等的，他們覺得被尊重，也會對公司產生認同。

每一種對人的稱呼，都反映出人與人的關係，也暗示了我們對這些人的態度。當我由一個工作者變成小主管後，我把我的團隊成員，都看成我的部屬，我必須領導他們，也要指揮他們，我可以命令他們，我說向東，他們不能向西。

部屬的稱呼，相對於我就是主管，這是相對位階的差異，主管在上，部屬在下，這是官僚體系的現實，職位的高低，代表指揮權的歸屬，也代表了地位的尊卑。

後來創業，公司裡所有人都變成我的員工，我花錢僱用他們，他們當然要替我做事，我也可以命令、指揮他們。可是除此之外，他們是員工，代表我就是老闆，老闆在印象中就有另一種高高在上的味道，每個人都需要看老闆的臉色，我有一種莫名的成就感與滿足感。

可是隨著我的創業陷入困境，我開始全面檢討所有的事，其中當然也包括我與所有人的互動關係。我逐漸發覺，「員工」這種稱呼存在著本質上的矛盾；如果我想要創業成功，我需要所有人同心協力，一起努力做好事，他們是真正能幫助我的人，我必須尊敬、感謝他們，這有著深厚的彼此情感互動的因素，可是「員工」這兩個字，都只存在著冰冷的僱傭關係，有著高度勞力投入的工具性，缺乏情感交流與互動。

除了創業者，我也是一個大工頭，我需要帶領所有人做事，所以我也是個主管。我開始檢討我做主管的角色，也同樣發覺我視所有人為「部屬」的心態，並不是最正確的態度。

部屬相對於主管，也是階段的上下隸屬關係，並不是彼此之間良好的互動關係描述，我開始尋找較佳的稱呼，期待能正確描述雙方的關係，同時也營造更良好的互動、工作氛圍。

慢慢的我找到兩個比較完美的稱呼：團隊與同事。這兩個稱呼，不論相對於我是創業者或主管，都是準確而理想的稱呼！

團隊用在工作中，所有的工作都是由團隊協力完成，而團隊代表許多人，如果我向外人介紹：這是我的團隊，隱含著我們是同心協力、一起工作的一群人，而自己也是團隊一分子。團隊有極強的歸屬感，有共同的目標，有共識，也有共同理念，代表大家是緊緊擁抱、手眼協調，一起打拚的一群人。

當我用團隊來看待所有人時，他們就不再是生產工具，我們變成一個有溫度的群體，某個程度像「家人」，是工作上的家人，為這個工作上的「家」，我們願意做任何事。

同事則是一般的稱呼，在非工作的場合，我會說：這是我的同事，同事是平等的，是沒有高下之分的，當同事覺得他和我是平等的，他們覺得被尊重，也會對公司產生認同。

任何當老闆或主管的人，都應該戒絕高人一等的想法，用團隊和同事看待所有組織成員，才能營造最佳的工作氛圍。

5. 溝通、說服、命令

對員工下命令，對同事用溝通。溝通雖然耗時費事，但只要能透過溝通達成協議，大家一定會全力以赴，除非萬不得已，才用下命令的方式面對團隊。

我曾經為了一件事，和我一個次集團總經理溝通了三個小時，希望他能接受我的想法，但談了三小時之後，他還是堅持他的想法。之後的兩個禮拜，我持續溝通，也想盡各種方法，最後他終於勉強答應，接受我的意見。

這是我常做的事，面對我有能力的部屬、值得培養的接班人，我從不會下命令，一定是耐心的溝通，去說服他們接受我的想法。因為這種人，我不能管理他們，我只能領導他們。

以前面提到的這位主管為例：他每年幫我負責四億五千萬的營業額，獲利近二〇%，整個團隊超過兩百人，這樣的人雖仍是我的員工，但我已不能用員工來對待，他更是我的經營夥伴，所以管理會引起他們的反彈，因此只能溝通、領導。

管理與領導最大的差別，在下達指令的方式，管理的對象都是我們可以指揮的部屬，他們要百分之百聽我們的話，所以可以直接下命令，他們不能質疑，也不能拒絕。

而領導的對象，雖然也可能是部屬，但他們也可能是主管，需要帶領一群人，所以他們不只需要知道要做什麼，更要知道為什麼要這樣做，也要知道要如何做。要這些人做得好，不只是被動的接受指令，更要主動的相信這件事是對的，願意全力配合去做。

所以作為領導者，下達指令的方法一定是從溝通開始，廣泛的交換意見，了解部屬對事情的看法及基本態度，如果雙方想法一致，就比較容易達成共識，這不牽涉到誰說服誰的問題，總之大家會有共通的想法！

但若領導者與被領導者雙方對事情的看法有本質上的差異，那麼做事的方法也會南轅北轍，這時就會從溝通進入說服的過程，領導者必須仔細陳述自己的看法，說明其中道理，並提出自己的解決方式、聽取部屬的反饋；如果部屬有不同看法，領導者就須耐心傾聽，仔細分析是否言之成理，如果有道理，也要適度採取接受。

如果領導者必須堅持己見，那麼溝通技巧、說理方法與耐性就是成功關鍵。只要有時間，我一定堅持不下命令、不逼迫部屬接受指令，我會一而再、再而三的溝通，試圖完成理性的說服。

可是如果理性說服無法完成，最後我被迫不得不用命令解決時，我也會向部屬表示歉意，讓他們明白這是我不得已的選擇，請他們諒解並配合。

領導是要讓人發自內心的服從，需要較委婉的溝通過程，而管理則是控制部屬的行為，讓他們按指令做事，可以直接下令。領導是緩慢的，但有深刻的認同；管理則簡單快速，照章執行，但缺乏理解與認同。

對主管而言，領導與管理都是必要手段，對底層員工，用管理已足夠，對高層團隊的成員，則要領導、要溝通。溝通、說服、命令是下達指令的三個層次。

第3章

對事vs.對人

經營團隊的基本態度，

是對人，還是對事?

從對事到對人，到對事又對人

我剛當上主管時，一向是非分明，遇到有人犯錯時，我也是直言不諱，徹底檢討，務必要讓當事人知道錯在哪裡，要讓他知所改進。我認為唯有是非分明，才能讓所有的團隊以昭炯戒，不再犯同樣的錯誤。

我也強調檢討是對事不對人，要找出問題的根源，而不是在責罵當事人。

可是有一次犯錯的是我最得力的副手，我當然也一樣徹底檢討，毫不保留。可是事後這位得力助手向我辭職，他認為我檢討得太直截了當，讓他毫無尊嚴可言，也讓他在團隊中無法立足……

我知道我犯了錯，當高階主管犯錯時，我也像基層員工一樣赤裸裸的檢討，語氣上毫無保留，讓他面子掛不住。

從此我仍然堅持檢討錯誤要對事不對人，可是當犯錯者身分特殊，如高級主管，如戰功彪炳的戰將，我都會考慮對象特殊，在口氣及說法上委婉一些，這是對事之外，又多了對人的考量。

從此之後，我帶領團隊雖然仍以「對事不對人」，只問是非黑白為原則之外，我也知道人都有七情六欲，也有面子問題，在說話、口氣上，也要講究，不可涉及人身攻擊，這又是對人的思考。

從此我的主管生涯，在檢討錯誤時，進入了對事又對人的思考，對事為本，對人為輔。

6. 何謂對事不對人

糾錯務必要徹底，要徹底就要做到對事不對人，否則大家都顧及當事人的面子，高高舉起、輕輕放下，那麼絕對無法檢討到錯誤的核心。主管帶領團隊一定要建立凡事「對事不對人」的毋枉毋縱的追根究柢精神。

當錯誤發生時，我們能心平氣和的檢討是非對錯嗎？大多數人不能，尤其如果我們是犯錯的行為人，我們不是帶著愧疚，就是帶著情緒，我們又怎能心平氣和呢？而就算我們不是身陷其中的行為人，檢討是非對錯之時，也難免涉及相關當事人的對錯，所有的人又怎能心平氣和呢？

對事不對人，是我們常講的話，我們也用這句話，來減輕我們所說的敏感且具有攻擊性的話語，試圖讓所有與聞者都能心平氣和的接受，只是似乎所有的人都很難心平氣和，因此我們「對事不對人」的說法並不容易成立。

我們為何需要「對事不對人」？因為錯誤的事經常發生，而對錯誤的事，我們一定要仔細檢討，以避免未來再繼續發生類似的事，可是在檢討的過程中，難免會涉及怎麼做錯？為何做錯？未來如何不再犯錯？發生類似的事時，如何避免犯錯？而這些錯事，一定有一個或多個行為人，這些犯錯的行為人，如何能面對大家你一言、我一語的檢討呢？事不關己，關己則亂，檢討到自己的錯誤，任何人都很難心平氣和了。

所以我們說「對事不對人」，真正的含義是：我們要認真的討論事情該怎麼做才能免於犯錯，或者是事情要怎麼做才能做對，我們主要的目的在尋求可行的正確方法，以作為未來工作的參考，這完全是在討論事情本身，而不是在追究行為人的責任，也沒有要處罰行為人的意思，我們針對的是「事情」，而不是針對做事情的人。

可是並不是所有人都能了解對事不對人的含義，因為在檢討的過程中不免帶著情緒、帶著成見，而增加了公開討論事情的困難。

我們公司每月都有檢討會的機制，目的也是要找出大家犯了什麼錯，以避免其他人也再犯類似的錯，這是一個立意良善的會議，可是也很難執行，因為當事人不太願意坦白承認自己所犯的錯誤，而且很容易掩飾、找理由，淪為自己脫罪的說法，而其他人雖然對錯誤看在眼裡，可是卻也不願明說，因為說出來，不就等於對當事人提出指責，這好像是對同事不友善的行為，所以這樣的檢討會經常淪為虛工。

我們不得不再三強調，檢討會絕不是在指出誰犯錯，就算有錯我們也絕不追究處罰，甚至我們更積極的提出來：要感謝他們的犯錯，因為他們先犯錯，別人才能免於再犯同樣的錯，我們大家要「聞過則喜」，以鼓勵大家應「對事不對人」，勇於檢討，把是非對錯講清楚、說明白。

我們花了很大的精神，才在組織內建立起對事不對人的公開討論組織文化。在東方社會，要做到對事不對人，我不得不承認這是很困難的事，面子是很難突破的關卡。

7. 檢討與懲戒脫鉤——如何做到對事不對人

要做到對事不對人的檢討態度，一定要事先聲明檢討與懲戒脫鉤，再嚴厲的檢討，也不代表會懲戒當事人，所以所有的人都可以暢所欲言。至於要不要懲戒，則要獨立思考。

一位同事做錯了一件事，讓公司出現巨大損失，可是開會時，大多數人都選擇忘記，沒有人提這件事，我一方面納悶，為何大家都噤聲？另一方面面臨抉擇，我也要選擇閉嘴嗎？

最後我還是選擇說出來，我分析了前因後果，說明這件事是因人謀不臧，事前絕對有機會避免，事後應被檢討，以免日後再犯同樣的錯誤。會後我再向當事人致歉，並且承擔他可能無法釋懷的後果。

「對事不對人」是職場中非常重要的話題，在東方的社會中，要做到對事不對人相對困難。中國人的職場，通常是對人大於對事，對事情的處理，沒有絕對標準，因人而異，以至於出現因人設事的矛盾現象。

職場中，任何事一定有人和事兩種層次，事情是人做出來的，事情做得好，一定是人對了，也做對事，所以把光環都放在人身上是理所當然的。可是事情如果做壞了，該不該檢討呢？這其中就有大學問。

如果執行者的位階不高，上層主管絕對不會放過你，檢討是必然的結果。可是如果壞事的執行者位階很高，檢討就會變得心思複雜。

有些人會懾於當事人在組織中的地位，而選擇閉嘴，就算有檢討，也可能只是高高舉起，輕輕放下，聊備一格而已，這就是因人而廢事，因人而害言，以至於真相隱而不彰，組織也不會記取教訓。

唯有只問是非、不畏權勢、不顧友誼，直接面對真相、探討問題、解決問題，這才是「對事不對人」的組織。換言之，只有「對事不對人」的組織，才能隨時檢討改進，與時俱進。

我期待我的公司是對事不對人的組織，但十分困難，要不顧當事人，當面檢討問題，需要破除種種障礙。

對大多數人來說，面對出問題的當事人，不是不願說，就是不敢說。

不願說是因為覺得檢討不是很有必要，多一事不如少一事；不敢說則是因為怕得罪人，惹當事人嫌。所以檢討會都一片昇平，雲淡風輕，做不到檢討的功用。

為了做到「對事不對人」，我首先強調，內部的檢討會完全與懲戒脫鉤，指出錯誤完全是為了記取經驗，讓錯誤未來不要再發生，同時要求大家不能指責當事人，當事人也不會因犯錯接受懲罰，甚至更要「感謝」犯錯的人，因為他犯了錯，避免了大家重蹈覆轍。

除此之外我還率先自我檢討，罵自己不遺餘力，讓大家知道這是「對事不對人」，從此公司才逐漸人與事分離，能就事論事。

8.「你是笨蛋嗎」主管絕對不可說出口的話！

組織檢討錯誤時，要把握一個原則，就是不可觸及人身攻擊，如：你為什麼這麼笨？你為什麼會犯這樣的錯？人身攻擊否定了工作者的基本價值，也阻斷了當事人改過向善的心態！

公司的一個團隊，因為競爭對手的惡意指責，而在我們官網上做了說明，遣詞用字上稍微逾越了尺度，也批評了對手，因而引來了一場官司，其後數年，我們不得安寧。

為此我們開了檢討會，我問：「為什麼會發生這樣的事？」「當然是對手的惡意攻擊，影響到客戶對我們的信心，不得不解釋一下。」「那就說明我們公司的狀況就好，為什麼要說對手呢？」

我們公司早有規定，只能說自己的好，絕對不可批評對手，這個團隊顯然已觸犯了公司的規則。他們回答：「對手公司實在太離譜了，把自己的公司說得天花亂墜。」

我要求他們從此閉嘴，不要再在爛泥中打滾，最後我忍不住說了主管幾句：「你明知道公司的規定，不可批評對手，你為什麼這麼笨？會做出這種奇怪的事。」

事後這位主管寫了很長的信給我，細數他到公司這些年所做的事，說明自己絕非「笨人」，只是在他的屬下回信說明時，忽略了此事，並未仔細檢查，導致寫了不該寫的陳述，而引發災難，最後他承認疏忽，但仍然強調自己不笨，希望我不要以「笨人」視之。

我知道我說錯了話，我當主管，一向強調對事不對人，談事情，一向只重是非，強調事實，義利之辨，真假之判，可以直截了當，面紅耳赤，但絕不可人身攻擊，絕不可涉及對人的批判。

這位主管我已經帶了許多年，我自以為是自己的子弟兵，所以說話也就隨興出口，說他笨，確實已經逾越了不批評人的底線，我只好道歉了事。

主管面對部屬的錯誤，難免生氣，如果錯誤延伸成公司的災難，主管暴怒也是當然。可是不論如何充滿情緒，可以討論事情的是非對錯，可以檢討如何處理、補救，也可以規範未來如何不犯錯，也可以追究當事人的責任，但絕對不可以批評當事人的動機、能力以及人格。簡單的說：就是不可做人身攻擊。

錯誤是職場生態的一部分，能力再強的人，也不免於犯錯，偶爾犯一次錯，也不影響工作者存在的價值及能力，所以主管絕不可因錯而否定工作者。

何謂人身攻擊？「你是笨蛋？王八蛋？混蛋？」這絕對是人身攻擊。「你怎麼連這麼簡單的事都不會做？」部屬一定能做所有的事嗎？「你怎麼連這麼明顯的錯誤都會犯呢？」犯錯有一萬個理由，有時候就只是鬼使神差！「你犯了這麼嚴重的錯誤，還要在這裡工作嗎？」這種事是用來做的，不是用來說的，用說的只會節外生枝。

組織一定要營造出「對事不對人」的組織文化。討論議題，意見可以針鋒相對，南轅北轍；檢討錯誤可以義憤填膺，面紅耳赤，但不可以損及人的人格及價值，主管要非常注意控制自己的言行。

第4章

人治vs.法治

管理團隊的方法，

是人治還是法治？

主管帶領團隊，要兼顧人治與法治

我剛當上主管時，一向決策明快，一言而決，當時的我快意恩仇，想怎麼做、就怎麼做，在我的團隊中，我就是王，團隊之中，都是我的臣民，當時的我，是道道地地的人治。

可是主管當久了，許多的爭議和衝突就陸續出現。許多的事件，前後有其相似性，也有相關性，我前面的決定，就對日後發生的事情，產生制約。有些事我之前同意了，後來再發生類似的事，我就不能不同意。可是也有許多事，發生一次可以當例外處理，可是如果所有的人都要這樣做，可能就會變成災難。

所以我開始感受到我不可以再隨心所欲的決定，率性而為的人治，會變成主管的災難。我知道我這個主管做事要有所根據。

當我遇到任何事時，我決定前會先思考，這件事是單一事件、偶發事件，還是會一再出現的常態性事件，如果是會常出現的常態性事件，我就要仔細思考，第一次的決定，就會變成判例，絕不可輕率為之。

這種判例化的思考，是我告別人治的第一步。我要知道，主管之前所有的決定，都會變成未來決定的制約。

而如果有一件事是組織中經常會一再出現的事，那麼我就不只判例化，我還會設法讓其白紙黑字化，變成明確可以依據的辦法。例如：業務人員的獎勵措施，我就會去研擬一套業務獎勵辦法，形諸文字，讓所有的同事都認同、理解，再上呈我的主管核定，變成公司規章的一部分，再頒布施行。

這就是法治化。

主管治理單位，帶領團隊，當然少不了人治的色彩，但一定也要有法治的思考，才能長治久安。

9. 主管的人治與法治

理論上，所有主管在其管轄權之內，有完整自由裁量權，可是主管所有的決定，並非隨心所欲，必須有一定的規則可循，也就是說在人治的原則下，也要有法治的思考。

每個公司都訂有各種典章制度，主管在管理組織、治理團隊時，通常要依據這些典章制度來辦理，這是法治，依規定、依法治理。

可是還有許多事是公司制度所未規定者，這時就要靠主管的自由裁量權處理，這就是人治，依主管當下的思考、分析、判斷而下決定，這是因人而治。

法治只能遵守，沒有變通空間。而人治就沒有一定的規則可循，時常出現言人人殊的差異，因此主管的「人治」就有巨大的探討空間。

首先，主管的人治，真的可以隨心所欲，自由裁量嗎？當然不是，主管人治的自由裁量，通常要依以下三項原則而行：

一、依循公司的制度精神。公司治理通常會有其核心價值，而所有公司制度的訂定，都會環繞此一核心價值，透過制度來確立核心價值的精神。而主管所處理的事務，雖然是制度來規範，可是主管所做的裁決，應該思考公司核心價值之精神，並依據公司制度之立法宗旨，做吻合公司價值觀的裁決。

二、依循合理與效率，促使公司利益極大化，以做成相對之裁決。任何的決定都在追逐公司的最大利益，從最少的成本、費用發生，到最大的營收成果，以獲取最大的利益，人治要追逐公司的效益極大化。

三、所有的決定都要考慮「判例化」，決定一旦公開，所有的成員都會合理的比照辦理，以後只要發生類似的事情，認為主管也會做相同的裁決。

一般而言，組織是個玻璃屋，所有的事情很快就會傳遍，每個人都會知道組織中發生了什麼事，而每件事都會形成可以比照辦理的暗示，既然有人這樣做被主管認可，那麼下次我也可以這樣做，也應該會被允許，這就是主管決定的判例化，一次決定，從此一體適用，全員遵行。

如果主管想避免判例化，唯一的可能是保密，不讓任何人知道這件事情的發生，只是保密的難度極高，一旦保密不成，主管將從此信用掃地，所以主管絕對不應該嘗試隱藏事實，而應該慎做決策。

主管決定的判例化，事實上就是主管自己制定了一種無形的規章，用已發生的事，明確主管的處理方式，以後完全比照辦理，這也是主管從人治走向自我規範的法制過程。

主管若想避免人治，也可以在所管轄的部門內，自訂各種規章，並將規章上報公司核定辦理。這樣做的好處是，規章經公司核可，變成公司制度，不會隨便改變，可以確保穩定實施。

一般由主管自訂，再經公司核可的制度，最常見的是業務獎金辦法。主管可以依據實況，訂定各種獎金辦法，但經公司核可後，就可以穩定實施。

主管在工作中，人治與法治都會存在，但如何讓人治有規則可循，逐步向法治傾斜，這是一個好主管必備的過程。

10. 白紙黑字的力量

主管以法治思考，最極致的方式，就是訴諸白紙黑字，訂定各種規章和辦法，白紙黑字可以是單位內的單行法規，也可以上呈公司核定，變成公司認可的規章，那就更有推行上的法律依據。

早期，我遇到一個邏輯嚴謹的老闆，我上一個簽呈，要發臨時性的工作獎金，他追問我發獎金的邏輯，我說就是因為當事人工作表現好，他說不行，如何好法？比較別人如何？為何發這個數目的獎金？都要有明確的說法。

為此，我不得不訂定了一個即時獎勵的獎金辦法，以作為發獎金的依據。

團隊表現好，我要給團隊旅遊獎勵，我的老闆也要追問一連串的為什麼？為了回答他的為什麼，我最後也訂定了一個員工旅遊獎勵辦法，從此所有的旅遊獎勵，都有法可循。

那段時間，我逐漸把所有日常事務，都明訂辦法，以為依循，有時候我也覺得多餘，只不過是偶爾要做一件事，有必要大費周章，追根究柢的訂辦法嗎？可是因為老闆的習慣，我也不得已把所有工作，盡可能的都白紙黑字的寫下來。

我的老闆告訴我，不要覺得煩，公司中的任何事，都可受公評，也會變成日後賴以依據的案例，有辦法、有白紙黑字，大家都沒有話說，有規矩可循。

後來我遇到一個不懂人情世故的老闆，他業績至上，只知擠壓業績、爭取獲利，好向董事會邀功，他斤斤計較團隊薪資福利，恨不得砍掉所有的獎金，他認為員工拿了獎金，就是吃掉了股東的紅利。

當我送了一個發獎金的簽呈，他問為什麼要發獎金？我回答：按公司訂定的獎金辦法，同事表現好，符合規定，所以發獎金，老闆只好閉嘴，我第一次見識到白紙黑字的力量。

公司中有了辦法，一切都於法有據，我們只要依據辦理，就不用怕有人說三道四，就算遇到苛刻的老闆，他也無可奈何！

這位老闆嘗試更改獎金辦法，我只能拖延，但不能不配合，我告訴他，獎金辦法以年為依據，要改得從年初開始，現在今年已過了一半，只能等年底再改了，這樣子又拖了一年。

從此我愛死了白紙黑字，我認為有規則的公司，會盡可能把所有的事都白紙黑字化，讓公司沒模糊的空間，一切依法行事。

而我自己也在白紙黑字化的過程，得到許多成長。

當遇到一件事，我要做某一個決定時，我就會想，這有沒有必要訂一個辦法？如果發現未來還可能發生類似的事情，我就會試著訂出白紙黑字的辦法。

而在訂辦法的過程中，我就要想，規範的是什麼事？明訂適用範圍，明訂處理規則。我想的不只是單一事件，我想的是制度，想的是系統，而這樣訂之後，會產生怎樣的組織文化，會不會有什麼副作用？

有了辦法就不會孟浪行事，就可長可久，所有的組織都應該讓白紙黑字極大化，盡可能減少組織中隨興行事的模糊空間，讓一切依法而行。

第5章

資本主vs.工作者

主管認為自己的角色是什麼？

是資本主還是工作者？

為資本主服務，也照顧工作者的權益

我剛當上主管時，公司是一家上軌道的大公司，員工的薪資、年獎、各種獎金都有嚴謹的規範，待遇雖然稱不上優渥，但也在水準之上，所以我這個主管做得很簡單，完全都不用替團隊想，也不用替他們爭取任何的福利，只要努力完成公司交付的任務即可，而公司賺錢與否，也與我的工作沒有關聯。

當時的我，做主管就只是做事，完全沒有主管要站在資本主這一方，還是要站在工作者這一方的爭議。

可是這種主管的好日子，很快就結束了。當我開始創業之後，我所扮演的主管角色，就面臨了兩面煎熬，一邊代表資本主，要為公司爭取最大的利益，一邊代表工作者，也要為工作者爭取權益，我這個主管到底要站在哪一邊，經常逼迫我要做抉擇。

經過長期煎熬之後，我終於找到應對的邏輯，那就是我一邊要在工作中，使盡全力，為公司賺到更多的錢，爭取公司最大的利益；另一邊，我則要站在工作者這邊，為工作者爭取法律許可的最基本權益。

為資本主服務，是主管的天職，我們拿公司的薪水，理當要替公司賺錢，完成公司交付的任務。所以我做事絕對全力以赴，努力賺到每一塊能賺的錢，也努力去省下每一塊能省的錢，務期讓公司賺錢極大化，這是我對公司的交代，也是我站在資本主這一方的明證。

可是論及團隊的薪資、獎勵時，我就會站在員工這一方，盡可能的為工作者爭取最大的權益。當然這不是無限上綱的越多越好，而是根據政府的法規，以及衡量社會上的所得水準，再考量公司的營運狀況，訂出一個工作團隊「不滿意但能接受」的薪獎水準，這樣我對團隊就有了交代。

我的原則是：只要資本主有獲利，就必須要給工作者合理的回饋。當然如果公司虧損，工作團隊也可以適度的配合撙節，公司可以窮（虧損），但絕對不可以剋扣員工的所得。

如果老闆剋扣員工所得，我會毫不猶豫的站在員工這一邊，遠離老闆。

11. 徘徊在六四之間

當資本主與工作者利益衝突時，主管要站在哪一邊？最好的主管是站在中間，協調兩邊的利益，千萬不要一開始就選邊站，因為主管本身就是承上啟下的角色，應該充分發揮協調的潤滑角色，徘徊在六四之間，是最佳的選擇。

身為專業經理人，有一個天生的角色衝突，當員工與公司有衝突時，主管要站在哪一邊？

比較簡單的選擇是站在公司這邊，因為發薪水的是公司，拿人錢財，與人消災，既然拿公司的錢，當然要執行公司的政策，就算犧牲員工的利益，也情有可原！

當然也有少數人選擇站在員工這邊，這種人通常會變成悲劇英雄，不容於公司，下場是被犧牲而離開。

或許有主管會想：我可以選擇中立，兩邊都不得罪，讓雙方自行角力，看哪一方的力量大，自動產生結果。

可是中立可能是最壞的結果，不表態的鄉愿，代表自己沒有原則，沒有立場，不辨是非，這樣雙方都會討厭你，因為你是投機分子。

所以面臨公司與員工的衝突時，專業的主管一定不可以置身事外，不可以中立不表態，做一個沒有原則的爛好人。

一個聰明而圓融的主管，面對公司與員工的衝突，最好的做法是永遠在六四之間擺盪，盡全力去化解雙方的衝突，避免雙方兵戎相見的窘境。

六四指的是所持的立場，公司六則員工四，員工六則公司四。每一件事都有主要的立場（占六成的就是主要的立場），總要先滿足主要的立場，再照顧次要的立場。

在六四之間擺盪的意思是：沒有固定的偏好，有時候站在公司多一點，有時候站在員工多一點，看議題、看情況決定要站在哪一邊。

以工作而言，主管一定要站在公司這邊，要完成公司交付的使命，所以一定是以公司為重，盡可能的說服所有的員工，配合公司的政策，完成工作。

或許公司對工作任務有過分的要求，主管也要盡可能配合，只要公司在加班費等物質回饋上設法滿足員工的需求，主管就應該努力帶領團隊，設法完成任務。這就是以公司為重的思考。

至於何時要以員工為重呢？通常遇到薪資、福利等員工基本權益問題時，主管就應站在員工這邊。

主管有一項重要的工作就是核決員工薪資，精準的衡量員工的貢獻及價值，當然是必要的任務，但如遇到模稜兩可，不易評判之時，就應該考慮寧可多給以圖利員工，而不要少給以圖利公司。

訂定制度時，如果可以，也應該爭取比政府規定更優厚的制度，讓員工享受更好的福利。

總之，面對公司與員工之間的衝突，主管一定不可以做沒有主見的爛好人，要選擇對的一邊，並努力協調錯的那一邊，化解衝突，讓組織正常運作。

12. 為公司爭取最大的利益

身為主管，最大的天職是為公司爭取最大的利益，最簡單的方法是為公司省錢，做任何事都要思考如何用最少的錢完成。出差住旅館，選擇能忍受的最低價旅館；生意對外發包，選擇價格最低但品質最高的廠商，以期省下能省的每一塊錢。然後再去思考如何盡可能把生意極大化，以賺到每一塊錢！

一個公司在資本主手上經營和在專業經理人手上經營會有什麼不同？

最近我整理過去住過的老家，在重新裝修的過程中，老家有許多舊書桌、餐桌、椅子、沙發，雖然還堪用，但仍選擇丟棄。正好一個年輕人要創業開公司，他接收了所有舊家具，作為他辦公室的辦公家具，這件事讓我想起一個經營管理上常被探討的議題，如果經營者是專業經理人，他會這樣做嗎？

答案肯定是否定的！

專業經理人經營公司，買辦公家具是理所當然的事。買新家具天經地義，沒什麼爭議，為什麼這個年輕人要接收舊家具呢？只有當經營者同時也是創業主時，他才有動機要省下每塊錢，用最低的成本把公司開起來。

專業經理人最大的考驗是以經營代理人自居，還是把公司當作是自己的來經營，這兩者之間有極大的差距。

以新開公司為例：新公司租下了兩百坪的辦公室，要重新裝修，每坪的裝修價格從兩萬到五萬都算合理，那麼專業經理人通常會選擇每坪四萬元的裝修，不是最豪華的價格，但絕不是最省錢的裝修法。可是如果是創業者，他就可能選擇每坪兩萬元的裝修，堪用但最省錢的選擇，這就是把公司當作自己的，完全不同的結果。

一輩子作為創業家，讓我養成永遠把公司當作是自己的習慣，凡事省吃儉用，務必為公司爭取最大利益。習慣養成了，一生難改，所以當後來我再度成為專業經理人，我也一樣永遠在為公司爭取最大利益，因為我老是覺得自己就是老闆。

覺得自己是老闆，最大的心態就會想盡辦法為公司賺到每一塊能賺到的錢，也會盡可能的為公司省到每一塊能省下來的錢，一來一往，就為公司爭取到最大的利益。

要替公司省下每一塊錢較容易做到：所有成本，凡是對外採購，總是要再三比價，務期最低。除了比價，我們還會想盡方法，改變流程，希望用更簡單的步驟完成生產的每個環節。所有辦公室費用，也都要逐項檢討，採取可行的最低價。以出差為例，所有的人（除我以外）一律搭經濟艙，而選擇旅館，也是東挑西選，找到最低的平價旅館，每一次的出差都要仔細計算成本效益，出差前更是仔細評估，確定有效益才會去出差。

而為什麼是除我以外呢？因為我代表公司，出國常有同業、客戶同行，如果別人搭商務艙，而我搭經濟艙，可能有損公司的形象。

作為專業經理人，作為主管，想的絕對不是自己，要想的是公司，要為資本主賺到最大利益。

至於占公司最大的支出——薪資，我也是非常嚴格的管制團隊員額，務期用最少的人完成公司任務。

把公司當成自己的，是主管的最高層次，也是天生的思考。

13. 可以窮，不可以剋扣薪水

身為主管要確保團隊的基本權益，而薪水與獎金就是團隊的基本權益，公司不可以因為獲利減少，而剋扣員工的薪水和獎金，主管的責任就是要確保員工的薪水和獎金。

可是如果公司長期虧損，員工的薪水酌量減少，獎金也減少，這是可以諒解的。但如果因為公司小氣，剋扣薪水、獎金，主管一定要站在團隊這一邊，對抗老闆。

每年年底，我都要和董事會打一場戰爭，為了全體團隊的年獎，如果當年度營運狀況良好，獲利較佳，那麼年獎比較沒有爭議，容易照我們所提報的額度通過。可是如果當年度的業績較差，公司獲利減少，我們所提的年獎就會打折，而為了年獎，我總是要據理力爭。

有一年營運狀況很差，公司只有微幅獲利，如果照發年獎，公司就只接近平衡，我們對當年度的年獎就產生了極大爭議，我的老闆認為應大幅刪減年獎，甚至不發；可是我堅持一定要發，我的理由很簡單，年獎是薪水的一部分，都是公司對員工的承諾，因此，只要公司沒有虧損，年獎就應該照發。

這個爭執一直無法解決，一直到農曆年前的最後一天上班日，年獎發下去，而且是我承諾了在未來營運變好時，我會把今年的年獎額度補回，公司才願意發放當年度的年獎。

作為一個專業經理人，我是領公司的薪水，要為公司做事，這是天經地義的事。可是我也要帶領整個團隊，才能完成公司交付的任務，我對團隊也有一定的責任，我也需要照顧他們應有的權益，因此如果當公司的利益與團隊夥伴的利益有衝突時，我要站在哪一邊？以哪一邊的利益為重？我的底線很簡單，團隊最基本的權益，一定要能確保，我才願意站在公司立場，為公司做事！

何謂團隊的最基本權益？那就是團隊要領到合理的薪水，包括獎金，如果員工的薪水和獎金不能確保，我就不會在這家公司服務，因為我會愧對團隊及員工。

又何謂合理的薪水及獎金？合理即是市場能接受的薪資水準。

每個市場都有一定的薪資結構，任何職位、職稱，隨著年資、經驗、能力的不同，都有一定的薪資水準，這個薪資水準是一個區間，從最低到最高，都是合理的。營運良好的公司可以給比較高的薪資，營運差的公司，可以給最低的薪資水準，在這區間，都是合理的。每個工作者面對薪資標準，可選擇接受或不接受，這是每個人的自由，而公司也可以在這合理區間內，決定一個薪資水準，這是我可以接受的標準。

可是如果低於合理區間，那麼我不能接受，我會選擇離開。

獎金也一樣，有做事，該給的獎金一定要給，皇上不能差餓兵。

對公司我當然也有我的體諒，那就是：「公司可以窮，但不可以剋扣薪水及獎金」。

如果公司虧錢，薪水因而減少，短期欠薪也可以理解，但不可以長期不發；如果公司虧損，獎金也可以酌量減少，但不可以完全沒有，這就是當公司處境艱難時（窮），我會配合公司去穩住團隊，大家共體時艱，這是不得已的。

可是如果公司營運尚可，卻因為老闆小氣，我就會離開他、遠離他。公司無論如何都不可以苛待團隊。

第6章

堅持vs.妥協

做人處世的基本原則為何？

是堅持還是妥協？

堅持是原則，妥協是權宜之計

我是一個個性鮮明的人，我有許多做人處事的基本原則，這些原則隨著我當上主管，也成為我做主管的堅持。

我認為只有態度對的人才能用，因此只要態度不佳的人，無論他的能力多好，我都會拒絕任用。

再如我堅持不二價，我們賣的商品絕不亂打折扣，因此不論客戶如何要求，我也不會降價，也因而損失了不少客戶。

我還堅持對客戶百分之百的誠實，不可以誇張我們的能力，只有我們絕對做得到的事，才可以答應客戶。

有一次我和業務主管一起去拜訪客戶，我們的業務主管把公司的能力演得天花亂墜，我在一旁緊鎖眉頭，我覺得完全違反了我的原則，我回來把他罵了一頓。沒想到業務主管回了我一句話：「何先生，照你的標準，我們的生意都可以不要做了！」

我受到了極大的震撼，難道我錯了嗎？

我開始自己檢討，我堅持的原則都沒有錯，可是在堅持之餘，難道就沒有任何妥協的空間了嗎？

我開始自我修正，例如態度不正確的人，但如果能力很強，只把他們用在能力能發揮的地方，而且不要讓他們當主管，就應該沒有傷害。

如果客戶要打折，而且如果他們可以配合採購比較大的量，這不就是「數量折扣」嗎？那麼打個折又有什麼不對呢？

至於如果銷售人員對公司的能力有一些誇張的描述，只要不過分，這應該也是可以接受的。

在我當了更久的主管之後，我雖然仍有所堅持，可是我放寬了一些模糊的地帶，讓團隊可以斟酌調整，我不再是鐵板一塊。

我的堅持仍在，但我也能因時、因地制宜，容許有些妥協，因為那只是權宜之計。

14. 堅持與妥協

做主管的一定有所堅持，那是做人處事的原則，可是在模糊地帶，在特殊情境之下，也可以容許一些因時因地的妥協。

經營公司，我有一些絕不可犯的原則，這些事，我及我的公司絕不可這樣做；我的團隊如果做了這些事，下場就是立即拖出午門斬首。

可是很不幸的，我經常面對極煎熬的考驗，堅持與妥協，永遠很難取捨。

我規定所有同仁，可以把公司的好講得天花亂墜，但絕不可批評對手、說別人的壞。

可是就有一個同事，在網路上和競爭對手打起筆戰，當然也就說了一些對手的壞話，這明顯違反了我的原則，我十分生氣，恨不得開除這位同事，可是這引起了一堆主管集體求情。

他的主管告訴我，他並不是主動挑釁，而是競爭對手先在網路上詆毀我們，他氣不過，才在網路上回應，而回應的過程中，也難免分析了彼此的差異，說了一些對手的缺點，他這種行為雖然違反了公司不得批評競爭對手的原則，但是原意是要保護公司的聲譽，屬於情有可原，可否告誡了事！

我面臨了堅持與妥協的抉擇，白紙黑字的規則是死的，不遵守，那麼規則就形同虛設，以後也就不會有人在意，可是就此案而言，確實也有值得原諒之處，我該如何處理呢？

我決定再次重申「不得批評競爭對手」的原則，也重申只要犯錯，絕不輕饒的態度；但此案並非當事人主動，而其動機只是要替公司回復名譽，只是用辭過當，而批評到對手，且其事後已明確悔過，因此不予處罰，但以後只要有類似狀況發生，絕對嚴懲。

我仍然堅持原則，但在此案上我妥協了。

我同樣堅持公平對待所有人，會公平評價所有同事，給每個人最適當正確的薪水，不會因為個人要求，而給予特殊調薪。

可是有一個技術人員來辭職，原因是別家公司加了三成薪水來挖角，我知道這件事時，又面臨了堅持與妥協的抉擇。

這是一個非常幹練的技術人員，對我們公司有重大貢獻，他的離開對我們公司的運作影響深遠，且衡量了他的薪水後，發現他的薪水確實有低估之嫌，如果酌予調薪，並不過分，只是我如果因而調薪，我們公司是不是蠟燭不點不亮，是否被他的辭職所要脅，是否也違反了公平評價的原則。

我最後的決定是給予調薪，以留下這個人，理由很簡單，如果他的薪水被低估，那是公司的錯，既然知道公司有錯，就應該立即改正，何須顧慮是否有蠟燭不點不亮之嫌？

當然過程中，此案件有可能被解釋為公司被要脅而妥協，但我們確實以公平之心對待同事，只要此態度不變，適當平反被低估的薪水，應是正常之事。

我得到一個清楚的結論，公司一定有許多必須堅持的原則，絕不可以一時的利益權衡而改變，但實務上應更仔細探討事實的本質，如果本質可以接受，那麼一時的妥協也是必要的。

15. 奮戰至最後一兵一卒！

主管在工作上，常會遭遇各式各樣的困境，這時候絕對不能妥協，更不可以放棄。做主管的絕對要堅持到底，要奮戰至最後一兵一卒，雖然最後未必成功，可是一旦放棄，就立即失敗，堅持是唯一的路。

一個曾經風光的團隊，創立已近二十年，過去一直是產業中動見觀瞻的公司，有過極輝煌的歷史。但這幾年因產業變遷，消費習性轉變，消費者已不再使用他們提供的服務，以至於營業額大減，前年開始，已出現小額虧損，去年他們持續努力調整，但仍逃不過虧損命運，到今年做預算時，他們仍做出虧損的赤字預算，我先接受了他們的預算，但也啟動了我該做的事！

我找來這個團隊的最高主管，問他團隊未來會怎麼辦？

他回答：「原有的生意，看起來是不可能回來了。」他也布局了一個未來的生意，只是這個生意估計還要兩、三年才能成熟，所以這兩年會繼續賠錢！

我再問：「這個布局中的未來生意，絕對有把握成局嗎？」

他說：「有機會成局，但沒有十足的把握！」

「那麼如果這未來的生意不成，這個團隊要怎麼辦？」

他露出痛苦的表情：「如果真的找不到出路，我只好把這個團隊結束了！」

對這個答案，我感到震驚與不可思議。

「把這個成立近二十年，又曾經有過輝煌歷史的團隊關了，你不覺得可惜嗎？」

「當然可惜，只是我已經努力的調整了幾年，所有該做的事情也都做了，但是還不免於虧損，我實在找不到方法，我能怎麼辦呢？」

他確實做了很多努力，當生意變小時，他不斷的減人力、減成本，整個團隊減少到只剩下一半人，可是仍然虧損。尋找新的生意模式也做了，只是一時三刻，遠水救不了近火，他真的是慌了手腳。

我直截了當告訴他，關公司不是我要的答案，作為一個公司的最高負責人，放棄絕對不應是選項，一定要決心奮戰至最後一兵一卒，一直要到彈盡援絕，最後才不得不放棄。

放棄是努力走到最後一步，不得不出現的結果。作為領導人，腦中不可以有放棄這個選項，你要知道，一旦選擇放棄，整個團隊都要賠上，你會對不起所有人，也會對不起自己！

我告訴他：「我是你的老闆，我都沒決定要放棄，你怎麼可以先決定放棄呢？」

這是我作為專業經理人最終的信念：誓死達成公司交付的任務，我絕對不會從口中說出放棄，也不會告訴公司，我完成不了任務，我要放棄！

過去有過太多的案例，我所負責的生意，一時遭遇困境，我努力克服，甚至到公司、董事會都不看好，想放棄時，我還是不肯放棄，繼續請求公司，再給一年、兩年，最後多數都有好的結果，我的堅持得到了好的回報，這就是我相信的事：我絕對不放棄公司交付的任務，絕對要誓死完成。

這個團隊主管在我的鼓勵下，滿懷信心的跨出我的辦公室，展開一場長期的奮鬥！

第7章

公平vs.差別待遇

帶領團隊核定薪水的原則，

要堅持公平，還是可以有差別待遇？

用拉大薪資差距，解決公平問題

我初入職場時，我的主管特別喜歡某些同事，對他們總是另眼相待，我看在眼中，覺得主管不公平，我受到了不公平的待遇。

所以當我一升上主管，我就以公平為主管最重要的原則，我的公平泛指所有的層面，當然也包括敘薪的公平。

我的團隊的薪資有一個整體的薪資水準，因為我強調公平，所以上下之間的薪資水準差距不大，我也一向以我自己強調公平為傲。

可是在創業的過程中，公司也一直處境艱難，所以整體的薪資也較市場同業為低，而低薪資也使公司成為其他同業的挖角對象，許多能幹的同事都被同業用相對高薪挖走了，這一直是我的痛處。

為此，我反覆檢討我團隊的敘薪結構，我發覺我被陳腐的公平觀念害慘了，為了維持表象的公平，我們公司上下層級的薪資差距很小，這其實是齊頭式的公平概念，大家的薪水都很低，導致公司的薪水缺乏競爭力。可是我團隊中的核心團隊只是極少數人，雖然公司無法負擔全面性的調薪，但如果要把核心團隊薪資先調起來，以避免外界的挖角，公司還是能負擔的。

於是我放棄了迂腐的公平觀念，採取了核心團隊先調薪的差別待遇，拉大了上下之間的薪資水準，讓核心團隊先富起來，這個策略終於阻止了外界的挖角。同樣的狀況，我也有能力對外挖角，當我遇到好的人才時，我也可以酌量放寬薪資，對外挖角。至於因而產生相對高薪的不公平，就等未來調薪時慢慢改善。我終於知道，沒有差別待遇，人才不會來。

做主管的，公平是最應遵守的原則，可是公平不代表大家一視同仁，應該在公平之中，拉大薪資差距，才能維持公司的競爭力。

16. 讓核心團隊先富起來

公平不代表齊頭式的公平，公平應是立足點的公平。如果團隊中有傑出的工作者，能貢獻較高的產值，就應該讓他們領高薪，讓貢獻八〇%績效的二〇%員工，都能領高薪，讓核心團隊先富起來，才是正確的做法。

剛創業的時候，我花非常大的精力培訓團隊，培養了一批好的人才，可是這些好的人才也留不住，因為當時我們公司營運狀況不佳，給的薪資偏低，同業風聞我培訓的人便宜而好用，只要用正常的薪資，很容易就挖角得逞，我一直面臨為人作嫁，替同業培訓人才的窘境。

在被挖角的人中，大多數的人離職，我並不很痛心，因為他們並不是我心目中的傑出人才；可是其中有少數人，他們離開，我非常難過，因為他們是我團隊中的核心戰力，任何一人離開，對我公司的運作，都有深遠影響。我不斷的思索如何避免再有核心團隊成員被挖角的悲劇。

我比較我們公司與同業的薪資水準，發覺與同業的大公司相比，我們的薪資是「平均低」，就是每一個層級，每一個職位的薪資都較同業為低，而核心團隊因為能力強，薪資就相對更形偏低，我又如何突破這一困境呢？

最後我找到一個方法，就是讓核心團隊在薪資上先富起來，讓核心團隊的薪資與同業能有競爭力。

我試算了一下，當時我的核心團隊，只占總團隊的二〇％，就是這少數的幾個人是我公司的主要工作者，他們做出了關鍵性的貢獻，如果我可以把他們的薪水先提高到能與同業競爭的水準，就可以避免他們被挖角。

我發覺這是可行的，如果我只加核心團隊的薪水，公司勉強可以負擔，於是我決心讓「核心團隊先富起來」。

我讓核心團隊加薪的幅度，很明顯的拉高了與非核心團隊薪資的級距，我很小心處理這個不正常的現象。我讓每一個被刻意加薪的團隊，都清楚公司的苦心，並讓他們知道只有少數人加薪，請他們保密，避免引起公司內部的不平抱怨。

一個公司內，有兩種敘薪邏輯，也有很明顯的兩種薪資水準，這當然不是合理而正常的現象，也不應該長期存在。所以當我開始這樣做時，我就下定決心，要在最短的時間內，消除這種不公平的現象。

我的方法是讓這些相對高薪的核心團隊成員，擔負更大的責任，做出更大的貢獻，把貢獻轉化成公司更好的營運成果，然後再把營運成果用來調整全公司的薪水。

我大概花了三年的時間，穩定了核心團隊，免於被挖角，然後努力做出成果，再逐步調整整體的薪資。

對小公司而言，要讓全公司的人都富起來，絕對沒有足夠的能力；可是如果讓少數一、兩位關鍵的工作者先富起來，是有可能的，也是留住核心團隊的有效方法。事實上，真正改變公司營運狀況的人，通常也是少數一、兩人，讓這少數人先領較高的待遇，也合情合理。

17. 沒有差別待遇，人才不來

一個薪資水準低的公司，如果遇到好的人才，但是卻要了高薪，請問公司要如何處理？

這是常見的問題，大多數的公司都會放棄挖角，但真的沒有別的解法嗎？當然不是。

集團內有一個團隊，正快速成長中，主管來找我商量，他想去挖角一個工作資歷顯赫的人才，但是他怕以我們公司的薪資結構，可能無法符合對方的期待，所以猶豫不決，遲遲不敢採取行動。

我告訴他，如果不敢去談，怎會知道可不可行呢？於是他鼓起勇氣約對方見面。見面談了以後，我們的估計完全正確。他現在的薪資就是我們預計可接受薪資的兩倍，如果真的要挖角，薪資可能還要超過兩倍以上。我們的主管非常沮喪，他覺得我們負擔不起這樣的薪資。

我問主管，這個人加入我們公司，真的會有效益嗎？真的值得我們用兩倍以上的薪資挖角嗎？他告訴我：應該值得，只是不太確定。我要他再仔細試算清楚再來談。

一星期之後，他來告訴我，應有八〇％以上的把握，值得花兩倍以上的預期薪資挖角那個人。

我告訴主管，如果划算，那就想盡各種方法，為他開個特例，就算扭曲現有的薪資結構，也在所不惜。主管問我，這樣會不會對現有的團隊不公平？

我回答，薪資只有值不值，沒有公不公平的問題，而就算暫時扭曲公司既有的薪資結構，如果能促成整個公司營運成果的提升，就是該做的事。

於是，我們為這個人量身打造一個規則，終於把他延攬進來。事後證明，這是極正確的決定。

另一個故事是我們想延攬一個極傑出的編輯，他也有興趣加入我們公司，但是他要求在家上班，因為他不想被上下班所限制，這完全破壞我公司的體制，讓我頗為為難。

幾經思索之後，我也決定為他開一個特例，特別安排一個人作為與他對接的窗口，讓他能不用進辦公室，在家上班。

企業經營，當然需要訂定制度，有明確的規範，絕不可以隨心所欲，打破既有規則。可是企業經營真的不能破例嗎？其實也不盡然。

以上這兩個例子，都是我採取了差別待遇，打破了公司營運的常軌，才爭取到傑出的人才加入，當然最後我們也得到好的結果。這是因為我相信，只要引進這兩位稀有人才，都會讓公司出現結構性的改變，也是企業變革的契機。結論很清楚，如果我拘泥於現有的體制，不敢破格任用，真正的人才是不會來的。

敢採取差別待遇，是企業變身的開始。我們之所以付不起高薪資，是因為我們的營運體質不佳、獲利不足，也就請不到傑出人才。但是如果能藉由傑出人才的引進，先提升了一個人的薪資，進而提高經營效率，接著再逐步提高所有人的薪資，這是策略性的差別待遇，以促成企業的變革，絕對值得一試。

第8章

策略vs.執行

組織經營何者重要？

是策略還是執行力？

有做、做完是執行，做對、做好是策略

我剛升上主管的時候，我的部門並不負責業績，只要把負責的工作做好即可，所以我的工作完全在完成工作。因此我每天做的事都在執行，執行的工作很單純，只要把工作拆解、細分，並做成最佳化的SOP，要求團隊照表操作即可。

執行的工作成果很容易檢查，只要循著四個階段即可，第一個階段是有做，就是有沒有做事；第二個階段是做完，亦即要做的事有沒有完成，做完了即任務完成；第三個階段是做對，有沒有按照正確的方法，把事情做對，得到好的成果；第四個階段是做好，每一件事情的做完，都會得到不同的成果，有的是得到一般的成果，有的是得到較佳的成果，最好的層次是得到最好的成果。

這四個階段，前兩個階段是純粹只在執行，而第三階段及第四階段——做對及做好，這就是策略思考的層次。

執行通常在應付立即、短期的工作，完成緊急的事。可是組織也會有長期的發展，主管的工作不只在想現在，還要想未來。如果在執行現在的工作時，也能兼顧未來的發展，這就是策略思考；在思考未來時，再配合短期工作的執行，這才是好的主管。

同樣的道理，執行是只考慮把事情做對、做完。可是事情很可能有許多選擇，要做什麼事，要如何做事，這就是選擇，也就是策略思考的層次，要做對的事，也要把事情做好，這也是策略思考的層次。

好的主管不只是有做、做完的執行，更重要的是做對、做好的選擇，也要兼顧策略思考，不只看現在，更要思考未來。

18. 先會執行，再學策略

小主管要先學會執行，就是把組織交付的任務有做、做完，先學會執行之後，再去想還可以做什麼？也要再去想如何做？這些選擇就是策略，當學會策略思考後，就有機會升任更高階的主管。

從我當一個小主管開始，我就努力學習如何完成公司交付的任務，從最基本的完成任務，到省時、省力、省錢的高效率完成任務，都是我追逐的目標。

我的全心全意都在學習執行力，力求把事情做對、做好，做到最有效率。每做完一件事，我就會自我檢討，有沒有做得比前一次更快、更好，每一次的檢討，都是我下一次改進的目標。

執行力只有一個檢查指標：是否用最有效率的方法完成任務。而執行力講究的就是：工作分工、溝通協調、相互配合，以及工作流程的改造及最佳化。

這樣做了許多年，我開始不滿於只做這樣一件事，於是會去思考公司交付的任務是否有意義？是對的任務嗎？公司為什麼要交付這樣的任務？公司想透過這樣的任務達成什麼目的？我不只一味的全力執行任務，我還會去思考任務的意義及為什麼要做？

當我開始思考任務的意義之後，我的眼界豁然開朗，我不再悶著頭做事，我會問一連串的為什麼？我會不斷的問這是對的事嗎？

自此之後，我跟組織開始有了對話：我問了為什麼？組織如果沒有合理的理由，任務可能就會因而修正。我追問任務的目的，也讓我更清楚知道應該把目標放在哪裡？我的轉變，確保了我所做的事，是絕對正確。把絕對正確的事，做到極致，做對、做好，這就是組織中最完美的情境。

後來我讀書讀到「策略規劃」，我忽然開竅了，原來我去追問做什麼事是對的，然後在比較分析之後，選擇去做對的事，這個選擇的過程就是「策略思考」。原來我在摸索過程中，也逐漸進入「策略規劃」的學習。

執行力與策略思考，是主管非常重要的兩種技能。執行力確保任務能完成，這是主管必須具備的基本功能。而策略思考，則考驗主管的分析及選擇能力，要在上級沒有明確的指示下，自己決定去做一件對的事，這個選擇要歷經訊息蒐集、外在環境分析、機會與危機、內部資源、團隊戰力分析。能夠經過策略思考，做對的選擇，則能確保達成良好的績效。

一般而言，主管通常是透過聽命行事，用執行力去完成任務，經過不斷的完成任務，把執行力發揮到極致，成為能夠有效完成任務的執行者。然後隨著能力的提升，組織所賦予的舞台擴大，主管開始具備較大的自由度，能自己決定「做什麼事？」「怎麼做？」這就是培養策略思考的時候。策略思考一樣要經過學習與試誤，慢慢逐漸學會。

19. 策略就是想高、想遠、想深

主管的策略思考是想高、想遠、想深，能夠兼顧這三層，就是真正的策略思考。

想高就是從高處綜覽全局，才能看到事情的全面。

想遠就是想明天、想未來，才不至於急功近利。

想深就是深入事情的底層，思考問題背後的問題。

策略是管理學上的重大議題，各種專書長篇累牘，各種理論也層出不窮，可是讀完學理，要運用到實際的經營上並不容易，大多數人講起策略，只在課堂，不在商場。

我自己的經驗是，所謂策略，在實際的企業經營時，只有一句話：就是做對的事。

企業經營做任何事都需要策略思考，而我們所做的事可分為兩類，一類是對的事，一類是錯的事，如果我們選擇做對的事，那麼一定是策略正確的事。

何謂正確的事、對的事？對的事一定是效益極大化的事，投入最少，產出最大，方法最簡單。而且不只短期有效益，長遠看也是最正確的事。所以對的事，一定是符合策略，經過最嚴謹的策略思考。

問題是在實際的企業經營中，我們如何常保做對的事，又如何做策略思考呢？

我的方法很簡單，任何事一定想高、想遠、想深，這高、遠、深，隱含了策略思考的全貌。

想高，就是做任何決策時，從高處綜覽全局。我們在地面上所能看見的地方就只是眼前的景觀，看到的是有限的。唯有當我們登高，才能看到附近所有的世界，才知道我們所處的地方哪裡才有路可走。

企業經營想的也是一樣，面對的問題可能只在一個點上，可是從一個點向四面發散，會從一個部門，到全公司，到公司外，到全產業；會從一個產品，到相關產品，到競爭產品，到整個產業趨勢。不只想眼前的問題，要拉高視野，從高處綜覽全局，我們才能看透問題根源，也才能找到真正解方。

想高是空間擴大的思考。

第二是想遠。我們一般遇到問題時，會想到立即解決的方法，立即就是現在，最短的、最快的解決方法，可是如果從長遠思考會如何呢？

所以想遠是從想現在，想明天，想短期的未來，想長期的未來。我們不只要想短期的利益，更要想長期的效益。

短期利益容易想，也容易估算，可是長期利益就要有未來的想像力，才能推估。我們要有能力預想未來，知道未來世界的變化，才能把自己的公司套進未來世界中去推演。

想遠是拉長時間的思考。

第三是想深。遇到問題時，仔細追究可分為表象問題、深入問題、深層問題、最底層的結構性問題。想深就是要把問題想透，一直追究到「問題背後的問題」，想到最深、最根本的結構問題，然後尋求最徹底的解決，這才是策略思考。

想深是追究問題的縱深思考。

企業經營上，如果我們能夠想高、想遠、想深三者兼具，就能夠把事情想透，而選擇最完美的解決方案。完美的解決方案，通常就是對的事，而對的事就是策略思考。

能選擇做對的事（策略），再把事情做對（執行），企業經營就無往不利了。

第9章

經營vs.管理

營運組織帶領團隊，

經營與管理有何差別？

經營是加法，管理是減法

我曾經侍候過一位老闆，他最厲害的方法就是降成本（cost down）、減費用，所有的團隊到他手上，三兩下，就可以減少一〇%成本費用。他的厲害還不只如此，他還可以每年減少，今年減了一〇%，明年還要再減少一〇%，他管理的部門，每個人都痛苦不堪，哀鴻遍野，大家都越來越辛苦。

可是在這個老闆剛上任的前幾年，公司對他的績效是滿意的，因為業績雖未見提升，可是成本費用卻明顯降低，因為省成本、降費用，所以單位的獲利就提升了，獲利增加，公司當然就滿意了。

可是過了三年，問題就出現了，因為成本費用已經省無可省，再也降不下去了。如果想再有好的成本，一定要在如何多增加生意上下手，只有提高業績，才有可能增加獲利。

為了提高業績，我努力提出各種創意，想出各種做生意的方法，向這位老闆提出建議。沒有想到，這位老闆總是問我：你絕對有把握多做生意嗎？我不敢太自滿，總是回答大約有六、七成的把握吧！他又問我，萬一沒做到，那又怎麼辦呢？我回答，我會盡全力做到生意！

他又問我，你要做這些生意，就要先有一些投資，會先增加一些開銷，能不能想一想，能不能不增加開銷，但也可以做到生意！天啊！他竟想要我空手入白刃，做無本生意。我回答：這很困難，很不容易做到。

通常對話就此結束，我放棄我的提案，公司停在原地，也不再想多做生意的事，我們單位從此陷入困境，很難翻身。

我這個老闆是典型的只會管理，不會經營的人，他可以把一個既成的單位，透過管理整理得乾乾淨淨、滴水不漏，做到在現況之下，支出最少，獲利極大化的狀況，這是管理能做的事。可是他不會用創新的方法，多增加新的生意，只會做原有的生意。

管理是減法，著眼在減成本、減費用、減人事，目的是要用更少的投入，得到一樣的成果，或更高的成果。而經營是加法，著眼在用創新、創意的做法，創造更大的生意，得到更大的業績，當生意及業績增加，減去增加的支出後，仍可得到更大的獲利，這就是經營。

管理是管理現在、管理已知，在現在及已知的生意中，做到獲利極大化；而經營著眼在未來，在創造未知的可能，能預見用一加一大於二的方法，做到過去做不到的業績，成就新的生意。

經營要有想像力，知道用不一樣的方法做事，會產生新的可能和結果，會突破現有的生意，讓公司擴大成長。

身為主管一定要先學會減法的管理，能把現有的團隊效率最佳化，獲利最大化。可是在學會管理之後，也要學會經營，對未來要有想像，對創新要有作為，要會用加法擴大組織的營運，推動組織的成長。

20. 做事、管理、經營——人才的三個層次

職場工作者有三個層次，第一個層次是能做事的工作者，能夠完成組織交付的工作，不論是從事生產、行銷、財務、企劃、研發……都可以把工作做好；第二個層次是升成小主管，能做好團隊的管理工作，能帶領團隊完成管理工作；第三個層次是運用想像力、創造力，對外尋找商機，擴大團隊的營運規模，做出更大的生意，提高團隊的獲利……

我們公司是無數經營團隊的組合，每個團隊都有獨立的營運目標、獨立的生意模式、獨立的財務核算、獨立的獲利目標，每個團隊主管都是獨立的小老闆，要為自己的團隊完成目標，賺足夠的錢，也為團隊爭取到想要的薪資與福利。

我每天的工作，就是為這些獨立的團隊尋找到稱職的好主管，有了好主管，這個團隊才會有好的發展，好的營運結果。

經過許多年來的試驗，好的團隊主管通常是一個好的經營人才。我每天的工作就

是要從整個團隊，尋找好的經營人才，而好的經營人才，通常要經過長時間的發覺與培育。

大多數組織中的人才都從會做事的人才開始。組織中的人才通常都是會做事的人才，每個人都從一種功能開始，被賦予一個職位，做一件明確的事，或生產、或行銷、或財務、或研發，所以組織中的人才一定是會做事的人，且通常是會做一種事，從生疏到熟練，到專業，這是人才培育的第一個層次：會做事的人。

會做事的人一旦成為幹練的工作者，組織通常會賦予第二種任用方法，就是升為主管，這時候人才就進入第二種層次：管理的人才。

管理的人才與做事的人才最大的不同是：做事的人才做自己的事，自己完成組織任命的工作；而管理的人才帶領一群人（部屬），完成組織任命的工作。

管理的人才重要的特質在管理，要帶人、要用人、要分工設職、要排難解紛、要控制進度、要確保品質；更重要的是要準時、準確完成組織交付的工作。

讓一群人團結和諧，有效率的一起工作，發揮一加一大於二的工作效率，這就是主管的職責。當主管從一個會做事的人，再學會管理的技能，他就進入第二個層次：管理的人才。

可是好的管理人才仍然不足以成為我心目中好的團隊領導人，因為團隊領導人要對團隊的成敗負完全責任，當團隊營運發生困境時，要能夠找到解決方法，必要時，也要冒險犯難，創新求變，找到新的生意模式，帶領團隊轉型改變，這不是一個只會做事，懂得管理的人所能勝任的。

這時候就需要第三種人才：經營的人才。

經營的人才最重要的能力是對外尋找商機、創造價值，找出新的生意模式，不只是會做現有的事、現有的生意。

經營的人才要具有：（一）生意的眼光；（二）突破困境的決心；（三）找出新工作方法的執行力。經營的人才其實具有創業者的特質。

在組織中，管理人才通常能升到中階主管，負責已知的生意，做已知的工作。而經營的人才則可以升到組織中的高階經理人，參與公司的最高決策，負責公司未來成敗的命運。

每個工作者可以用這三個人才層次，檢視自己的職涯規劃。

21. 帶業績叫經營，不帶業績叫管理

做主管能擴大組織的生意，提升業績，這叫做經營。經營人才是能升成組織高層決策的人才，也能帶領團隊突破困境，為組織的營運負完全責任的人，要具備生意的敏感度，這已經是接近創業者的層次。

我們公司分為許多獨立營運的單位，每個單位都有負全責的主管，這些單位主管不但要負責管理整個團隊，還要管業績、做生意，負責全單位的盈虧，我常為如何找到好的單位主管困擾，因為能帶業績，負責盈虧的人才很難找。這種人才叫經營人才。這種單位叫利潤中心的團隊。

剛開始時，我不知道能負責單位盈虧的人才叫經營人才，也不知道這種人才很稀缺。我以為一般主管都能升成經營主管，但常發覺許多主管升成帶業績的主管後，適應不良，導致單位業績不振，赤字連連，無法改善，最後不得已，只好換人。

原來帶業績、要負責盈虧的主管是不一樣的人，要具備許多特質，才能成為好的

經營人才。

一般的組織中，可以分成兩種不同性質的團隊。一種是不帶業績的成本中心團隊，這種團隊通常有明確的任務，有明確的工作要完成，而所做的事，並不會為公司帶來收入，整個單位所有的開銷，都需要由公司內部埋單，是公司要付出的成本、費用，這種單位的主管是管理人才。

另一種單位是帶業績的利潤中心團隊，這種單位的任務就是要做生意、要有收入、要賺錢。至於組織要多大，用人要多少，全部是可變的，完全要依照生意的多少來決定、調整。這種單位的主管叫經營人才。

管理是做已知的事，組織的運作已有規則可循，任務也很明確，要如何完成，都是已知。

經營是做未知的事，組織面對外在環境變化會面臨什麼挑戰、如何應變，全然未知，經營要隨時應變，從沒路中找出路來。

管理是做節流的事，只要在內部尋找最佳化的工作方法，尋找有效益的工作流程，想怎麼用最低的成本完成工作即可。

經營是做開源的事，要想盡辦法多做生意，增加業績，也要嘗試開創新的生意模式，找到新的生意，經營是無中生有的事。

管理是編預算花錢的事，成本中心的單位，公司每年都會編預算，來負擔單位的成本，主管只需做事，把錢花掉，完成任務，完全沒有存在壓力。

經營則是編預算賺錢的事，利潤中心目的就是要賺錢。有生意可做，要賺錢；沒生意可做，就要想方法做生意，也要賺錢。如果單位不賺錢，一、兩年還可觀察、忍耐，長期不賺錢，單位就會被整頓、取消。所以經營要面對生存的壓力。

管理是中階主管人才，只要有單位就會有主管。而經營是高階主管人才，能為公司帶來生意的人，永遠是組織的傑出人才。

管理是主管培訓的第一步，所有工作者一定是先成為管理人才，學會如何管流程、帶團隊、控成本，完成任務。第二步才成為經營人才，要帶業績，而且為單位的營運成果負責盈虧，要面對壓力，面對挑戰，也面對成敗。

22.尋找經營人才

經營人才是可以對團隊負完全責任的人，不只可以完成每日的例行工作，更可以在團隊遭遇困境時，提出創意，找出方法，解決困難。當團隊營運停滯不前時，經營人才也可以帶領團隊，開創新的生意模式。

經營人才其實具有創業家的特質，是組織中珍貴的人才。

我們公司無時無刻不在尋找經營人才！

我們公司是由無數獨立營運的小團隊組成，每個小團隊都是利潤中心，各自營運，由團隊主管負完全責任。長久以來的經驗告訴我們，團隊主管如果是好的經營人才，那麼這個團隊就會有好結果，可以保證獲利、賺錢，甚至可以賺大錢。就算營運遇到困難，團隊主管也能帶領團隊走出困境，因此我們深知好的經營人才的重要性，隨時都在尋找經營人才。

經營人才如何尋找、培養？從團隊中及小主管中找，當團隊遭遇困境或必須尋求創新時，就是經營人才出頭的最佳時機。

我們遭遇困境時，總會召集所有成員舉辦對策會議，在會議中，只要有人能提出有創意的創新想法，就可能是潛在的經營人才。我們通常也會把這個有挑戰的創新想法交給他執行，進一步觀察他的執行力，如果他能通過考驗，他就會是我們尋找中的潛力經營人才。

培養的第二步是交給他一個臨時性的任務，並由他組成任務編組的臨時性組織，限期完成任務。一般而言，願意接受挑戰是潛力經營人才的基本門檻，如果他不願接受挑戰，表示他的心理素質還要加強。

如果這個人才已經是小主管，就更容易觀察培養了！

如果這個單位的營運狀況不佳，就只要看他有沒有能力提出對策，改變營運狀況，如果他能逆轉，這個主管極可能是好的經營人才。

如果他不能有效逆轉，可能是因環境惡劣，這時要觀察他是否能提出有效作為，以改變營運狀況，只要有創意、有創新、有作為，就代表他是有經營能力的潛力主管。

如果這個單位營運狀況穩定，那麼我們就會每年訂出較高的目標，讓他挑戰，這是要考驗他無中生有，做出生意來的能力。

如果能連續通過這樣的考驗，這就是我們可以期待、賦予重任的經營人才。所謂的經營人才，就是會帶領團隊做出生意的人才。經營人才有幾種特質：

一、能靈活應變。遇到困難時，能找出解決方法。

二、有創新精神。遇到業績停滯時，也能想出創新方法，找到新的生意，做事不拘泥於過去經驗。

三、有擔當，願意接受挑戰。經營就是要不斷面對各種挑戰；好的經營人才，不怕挑戰，願意承擔責任。

四、有管理能力，能有效帶領團隊，完成任務。經營人才一定是團隊主管，能集合團隊力量協調合作，完成重大成果。

所以經營人才一定要有獨當一面的特質，也要具有生意的敏感度，能找到商機，做出生意。

經營人才還必須具有創業家個性，在沒有路中，自己走出一條路來。經營人才是商場上最寶貴的人才，所以我們公司已培養了許多經營人才。

PART 2

工作篇

第10章

短期vs.長期

營運團隊績效，

要重長期還是重短期？

長期短期三七開

做主管最基本的任務是穩定的達成組織交付的任務，尤其是帶業績目標的團隊，更重視要每時期都穩定的完成，所以主管的工作是要準確的完成當下的業績，面對未來的業績也要有效的確保能夠完成。

而整個團隊的運作狀況，最理想的方式就是七〇%的力量著重在當下工作的完成，另外三〇%的精力，則要為未來未雨綢繆。

以全年的工作為例，一年有十二個月，最理想的狀況是第一季及第二季全力衝刺當年度的業績，如果可能在上半年結束時，已經完成了今年業績的六〇%到七〇%，然後第三季再完成二〇%到三〇%，而最後第四季則只剩一〇%尚待完成。

如果能這樣，那麼最後一季的工作，就完全留給來年的規劃和準備，務必要在第四季做完未來一年的準備工作，並在隔年的第一季就開始全力衝刺第二年的業績目標。

而未來一年的先期準備工作，當然不是只在最後一季才開始，有許多準備工作可能要更早開始，有的甚至要提早一年以上開始，這種狀況，都要主管知道在例行工作中，為未來預作準備。

當期的工作占七〇%，未來長期的準備工作占三〇%，這指的是時間分配，也指的是精力分配。好的主管會知道做好工作時間分配表，平均每個月都有時間是做未來的準備工作，每個月都要做長期的事。

所以做主管最重要的事，是永遠沒有意外。每個月、每一季、每一年都穩定的完成任務，達成業績目標。而要做到沒有意外，就是要把握當下，完成現在的工作，也要未雨綢繆，隨時要為未來做準備，而時間及精力七三開則是不變的法則。

23. 五百一千不要賺

當組織處在關鍵的成長時期，主管要有遠見看出未來的機會，賺短期的錢，可能喪失未來的高成長，所以要願意放棄短期獲利，擴大投資，甚至不惜擴大虧損，以期建立長期的進入障礙，以獲得更大的獲利。

這就是放棄短期獲利，以求取長期最大利益的策略。

一個培育中的網路團隊，前一年剛剛越過平損，從一個連年虧損的單位，變成一個可勉強獲利的單位。最近他們提交了明年預算，預計可以賺一千萬，但是他們是以省吃儉用的方法，勉強擠出獲利，這完全不是我想要的預算結構。

我找了他們的團隊面談：「你們很有把握賺這一千萬嗎？」「只要我們努力去做，努力行銷、節省開支，把營業額衝出來，我們應該可以賺一千萬。」

「你們賺到這一千萬，明年之後市場地位有更加提升嗎？」「我們努力擠壓獲利，並沒有著力經營品牌，市場上已經出現幾個競爭者，我們也沒有太注意競爭者的動向，這個預算，並沒有考慮競爭者的因應對策！」

「所以你們在明年是採取短期搶錢策略？」「是，賺錢不是公司對我們最重要的指標嗎？」

聽到這句話，我倒抽了一口涼氣。原來我絲絲入扣的追逐獲利，已經讓公司主管們只顧短期營運獲利，而忽視了未來長遠的發展，我必須立即糾正這種錯誤的觀念！

如果你們明年能賺到一千萬，那麼就想辦法把這一千萬完全花掉，全力去做品牌、做行銷、改善服務、提升產品，我要你們去建立更高的進入障礙（entry barrier）、更快速的提升營業額，以得到更高的獲利，現在每年賺五百、一千的，我沒有太大興趣，我期待你們未來每年有幾千萬、上億的獲利。我這樣要求這個團隊主管，要他們把明年的獲利歸零，把可能賺到的錢拿去做行銷，以徹底改善營運體質。

對所有營運團隊，我一向採取完全不同的策略。對一些既成的團隊，未來成長如果沒有太多想像，我會採取擠壓獲利的政策，要求這些團隊省下該省的每一塊錢，賺到該賺到的每一塊錢，總之就是要獲利極大化，完全不對未來進行投資。

可是對培育中的創新團隊，我會採取不同的經營策略。在虧損階段，力求減虧平損，雖然是首要目標，但我也不會一廂情願的追逐立即平損。

舉例而言，有一個團隊，為追逐平損，急著想爭取廣告營收，卻被我阻止了，因為他們的流量還不夠大，想要做廣告相對困難，我設定了一個流量目標，在未達流量目標前，不要嘗試去爭取廣告。

另一個例子是：有一個團隊有一年已接近平損，本來期待來年應可獲利，可是仔細檢討後，我發覺他們的營運結構還不穩定，需要再投資，於是第二年我同意他們再擴大虧損為兩千萬，果真第二年努力調整結構後，再隔年營運就逆轉成正，往後也就開始穩定賺錢。

身為最高決策者，對所有團隊務必要能精準掌握其營運實況，不能只會一味逼業績、求獲利、求短視的營運成果，更要有眼光與遠見，適度給予經營者調整體質的空間，才有機會追逐長遠獲利極大化。

24. 重當下，還是重未來

今天的業績不佳，極可能是上一季，或上兩季的疏忽，沒有為現在的業績去耕耘，這就是人無遠慮，必有近憂。

我們現在除了做今天的工作之外，一定還要花時間，為明天的工作做準備，也要花時間，為後天做準備，這樣才能長期保持良好的工作績效。

有一個單位，去年業績很好，我本想今年應可延續去年氣勢，交出好成果。沒想到，開年第一季情況低迷不振，業績達成率不到三〇％。我追問單位主管，發生了什麼事？

主管告訴我，因為去年下半年業績很好，可是執行上也很複雜，因此他們都把人力投注在業績執行上，幾乎沒有開發新客戶，所以一開年，才努力開發客戶，而第一季都只是在開發期，要等到第二季才能逐漸看到成果。

這是一個典型的管理問題，如果主管只著重在當下，努力求取立即的成果，那麼未來將充滿變數，業績絕對不可能好起來，這樣的組織將永遠在緊急救援，永遠不會穩定營運。

其實許多事的完成，工作週期甚長，經常會跨越一年，要做好這種事情，就不能一年看一年，只看今年業績，在做今年的同時，也要為明年做準備。

做主管，最重要的當然是要完成組織交付的任務，任務通常有週期，每一個週期，主管都要能完成當下的任務，可是當任務的工作週期超過一年以上時，主管的工作規劃也就要隨之調整，不能只看今年的當下、只看一年的當下，因為可能出現一年好、一年壞的情況，無法穩定的每年完成業績。

最好的工作方法是：不只看今天，也要看明天，要採取滾動式的工作法，把每天的工作重點分成兩個部分，一部分是做今天的事，這是要立即完成的工作，可以獲得立即的績效；另一部分是要為明天做準備，要啟動未來的事，因為許多的工作週期超過一天，昨天沒開始做，明天就完成不了。

同樣的，主管也可以把工作週期，設計為月、季、半年及一年，每一個工作週期，除了做本期的工作以外，還要適度的啟動下一個週期的工作。

工作週期有多長，就要以工作完成為終點，往前推算完整的週期，並開始啟動工作。所以檢查每一個時間點，可能都會發現同時在做今天的事，也在做明天的事，有時甚至可能也在做後天的事。

這是要穩定完成當下的工作，就必須也為未來工作做準備的道理。

當主管可以穩定的完成每一週期例行的工作後，真正的好主管還要能看未來、想未來、規劃未來。

現在穩定的工作，可能在未來幾年後發生質變，生意可能變小，市場可能改變，如果發生這樣的事，主管就必須未雨綢繆，這就是想未來的事。

一個真正的好主管，不只是活在穩定的現在，還要活在可能不穩定的未來，要仔細思考現有的生意模式，未來可能會發生質變，並預做準備。必要時可能要開創新生意，以避免當第一曲線下滑時，第二曲線能及時補上，能預想未來，才能確保組織長期穩定，這樣的主管，也才是真正的好主管。

第11章

激進vs.保守

設定工作目標時，

要激進還是要保守？

積極進取，知所進退

我剛升上來當主管時，我是一個非常愛面子的人，老闆說這件事給我十天去完成，我會在七天就交卷；老闆說這個專案要做一百萬，我會設法做一百二十萬；老闆說這個活動希望有一千人參加，我會設定三千人做目標。

我永遠自我設定一個比老闆要求還要高的目標，作為我們團隊私下的目標，這樣的做法，雖然未必一定能完成，但是完成的機率有六、七成。所以只要老闆要求的目標，我一定確保能夠達成，而且往往是超額完成，久而久之，我很自然的變成老闆心中的首席戰將，重要的工作非我莫屬。

我積極的態度，也使我的薪水、獎金、升遷都是組織中最耀眼的明星，我也一直保持激進的工作心態。

這樣的工作心態，一直到我獨立創業時，遇到了巨大的挑戰。

我創業時，仍然保持激進的高目標設定方式，可是在創業的前幾年，卻不斷賠錢，而每一次我設定的目標都無法達成，有時候還距離目標甚遠，實際的結果變成打擊士氣的笑話。這時候我才開始調整我的激進態度。

我知道，當外在環境不佳時，我們只能設定一個相較保守的目標，這樣目標才有可能達成，也才不至於對士氣造成極大的打擊。

我逐漸收斂我的激進目標，經過三、四年之後，我設定的目標終於能匹配實際的成果，我慢慢找到自己設定目標的節奏。

經過了七、八年的創業虧損期之後，我們又逐漸邁入順境，這時候我又逐步修正我的目標為積極進取，我又對自己採取相對的高目標。

作為主管，在激進與保守之間，我永遠保持適量的激進，但在外在環境不佳，處境艱難時，我才會採取相對保守的策略。

主管激進的態度，代表自己是一個有作為的主管，才有機會為組織帶來豐富的成果，也為團隊爭取到好的回饋，積極進取的主管，才是好主管。

25. 赤腳時激進，穿鞋時保守

當組織情況良好，一切順利時，主管的作為保守，或許有其道理，因為這樣才能持盈保泰，享受好日子。

可是當組織處境艱難，每況愈下時，保守的態度只會越來越壞，這時候就不能持續保守了。「赤腳時激進」，當一無所有時，只能放手一搏。

有一次公開場合演講，談到我們公司為了推動數位變革，每年燒數千萬元，連燒七、八年，虧了數億元，在看不到曙光時，卻還一直持續投入，這是不是一種膽大妄為？是什麼原因讓我們如此激進呢？

我承認這個舉動是激進的行為，但是我已無路可走，不這樣做，未來紙媒介持續衰退，我們做紙媒介的公司，不積極轉型，只會安樂死，所以我們只能趁手中還有籌碼時，放手賭一把，這是不得不然的險中求勝，行動前我們沒有把握能走出來，只能走一步看一步，最後成功了，我們只能感謝上天賞臉。

去做一件沒把握的事，當然是激進。可是從另外一個角度來看，這件事也有保守的本質，因為我仔細算過，當時我們公司每年還能賺數億元，如果每年拿二〇%出來做新事業的投資，就算失敗了，對公司而言，也不會傷筋動骨，所以我大膽的決定每年可以虧損數千萬元，燒錢做投資。

所以嚴格來說，我是一個保守的人，在創業過程中，我很清楚：家中沒有金山銀山，可供揮霍，只要稍有不慎，我和公司都會萬劫不復，死無葬身之地。做任何事，我能不小心謹慎，保守從事嗎？

可是這樣一位保守的人，一旦走上創業之路，就注定不能保守。我記得在創業之初，我只有創業的夢想，做我喜歡做，而且想做的事，可是這件事要怎麼做？有把握成功嗎？答案都是否定的。沒有把握卻大膽去做，這不是激進是什麼？

所以不管再怎麼謹慎保守的人，當你一無所有，準備傾全力奮力一搏時，也只能激進，只能義無反顧，這就是「赤腳時激進」的道理。

「赤腳時激進」代表已經在谷底，身處在十八層地獄中，再壞也不會更壞，此時不激進更待何時？

多少創業成功的故事，都是一試不成，一而再，再而三，每一次都遍體鱗傷，最後才在山窮水盡之際，峰迴路轉，赤腳時只能激進，保守完全沒任何意義。

可是歷經赤腳的創業階段，只要搶下灘頭堡，稍有規模之後，就必須要具有保守的個性，不可以再隨興激進的浪漫而行。這就是穿上鞋時要保守。

稍具規模代表有包袱，一種包袱是人的包袱，包括親人的包袱及組織的包袱，穿上鞋的人就要為自己的家人及公司的員工團隊負責，如果激進的冒險會危及組織，就不應該做。

規模也代表成果與成就，冒險如果失敗，會導致現在擁有的成果化為烏有，一切會打回原形，那就只能保守，不可激進。

穿上鞋之後，既然有這眾多顧慮，那麼經營者不管個性上有多麼喜歡冒險，也不可冒進，務必改掉激進的個性，這是經營者必須做到的天職。

26. 激進有幾種？

在別人眼中看起來風險很大的作為，這當然是激進的做法。可是如果這件事，我們有一定程度的把握，那麼就不是激進，別人覺得激進，是因為他看不懂，可是我們看得懂，做起來有把握，這就是有把握的激進。

主管一定要努力提升自我的能力，能看透事理，盡量去做「有把握的激進作為」。

作為一個經營管理者，你會是一個激進的人嗎？

大多數的人回答不是，一個肩負公司成敗責任的人，通常是保守的，一定要確保公司的作為是可行的，不會陷入萬劫不復的深淵，才會動手去做。

可是為什麼我們常看到市場上有許多讓我們跌破眼鏡的激進作為，而當事人卻覺得一點也不激進，反而是理所當然呢？

其中的差異是懂與不懂，對看得懂的人而言，未來的演變，洞若觀火，結論清楚，自然敢大膽下注。但對不懂的人，未來如何全然不知，若大膽下注，那麼當然是不可思議的激進作為。所以激進與保守，完全看當事人的理解程度，懂的人視為當然，是絕對可行的事；不懂的人視為激進，是大膽冒險的事。

作為經營者，要負責任，所以一定要有把握的保守，但也一定要有所作為，三不五時要做看得懂的激進、做有把握的激進。

看得懂的激進，唯一的方法就是提升自己的分析思考能力、市場競爭能力、經營管理能力，以及策略規劃能力，有了這些能力，經營者就可以想出大多數人都看不懂的作為，而只有我們自己經過仔細精算之後，知道這是有把握的事，人人皆曰激進，只有我們自己認為可行，行激進之有。

這是經營者的第一種激進作為，稱作「精算後可行的激進」。對外人而言，因不懂其中的奧妙，因而驚呼激進，覺得不可思議；對自己卻是可以預測結果的作為，一切理所當然。

要能掌握精算後的激進作為，一定要擁有超乎常人的能力，超乎常人的市場分析和預判能力，以及超乎常人的巧思，才能規劃出大家都看不懂的作為。要擁有這種激進的能力，就要努力學習、研究，再加上一點時空環境的巧合，才有機會做到。

經營者的第二種激進作為，稱之為「浪漫的激進」。這是市場上極為常見的錯誤，成立的要件只有一個：那就是經營者過度樂觀的估計。

任何作為，在事前的可行分析階段，如果過度樂觀，對結果會產生過高的期待，導致風險高的專案，被估測成無風險的可行方案，以至於進行的都是高風險的激進作為。

所以身為經營者，絕不可以有浪漫的思考，更不可以有浪漫的個性，做任何規劃時，最好要高估風險、成本，低估收益，才能免於陷入「浪漫的激進」。

第三種激進作為是「險中求勝式的激進」。如果經營長期陷入困境，找不到具體有效的改善方法，而手上的營運籌碼，如資金、機會正不斷流失，公司正陷入倒數計時的倒閉困境時，這時候的經營者最大的錯誤就是不作為、等待安樂死。反而應該大膽思考，聚集手中籌碼，並放手一搏，成功時反敗為勝，失手原本也就難逃失敗，但至少已做了最後努力，了無遺憾。

經營者血液中，必須要有激進的性格，才能有不同的格局。

第12章

大事vs.細節

推動日常工作時，

要重大事還是重細節？

主管必須是千手觀音，管理所有細節

主管要管大事還是管小事？看主管處在哪個階段。

當我開始創業時，我從四面八方召集了一群接近烏合之眾的團隊，有剛畢業的，有工作一、兩年的，最多也就是如此，所有的人全部在等待我的指令，如果我有一天不在，公司就要停擺……

那時候的我，所有的事都要管，甚至連廁所不通、修馬桶的事，我也不能不管，我鉅細靡遺，凡事親力親為。

過了七、八年，我進入第二階段，我們公司逐漸上軌道，開始轉虧為盈，各部門也開始有了一些有經驗的主管，公司內的流程也逐步建立，這時候我基本上就只要管大事，小事不太需要管，可是也不盡然，當有意外發生時，我也免不了要管小事。

後來當我們合併了幾家出版社及雜誌社，我的主管生涯進入第三階段，我們組成了城邦出版集團，而且公司也導入了ERP系統。幾乎把所有的流程都電腦化了之後，這時我這個主管，就只要管大事就好，所有的中事、小事，我就真的不用管了。

可是對大多數的主管來說，我的第二階段及第三階段都是不可能的狀況，大多數的主管都在第一階段：兵荒馬亂期，這並不是所有的組織都在新創，而是一般公司通常不上軌道，運作也宛如新創一般混亂。

因此所有的主管一定要會管小事，而且一定要會鉅細靡遺的管小事，必須十八般武藝樣樣精通，這樣才有機會在組織中存活。

所以新上任的主管，第一步就是要了解整個組織中的所有細節，必要時可以要求所有的團隊成員做簡報，務必要深入所有的問題。接著再按照問題的大小排序，決定處理的優先次序，一步步處理。

經過一段處理小事的階段之後，如果能培養出一些可信賴的團隊成員，就可以把一些小事放手給他們處理，而主管自己只處理比較重要的大事，這才可以進入主管只管大事，不用管小事的階段。

小事不只放手給部屬管，更重要的是訂定各種制度，規範各種例行事務的處理，主管要在工作中，逐步訂定各種制度，去規範大多數的小事。

主管只管大事，不用管細節是組織已經很上軌道時的情境，但就算如此，只要有任何意外、災難發生，主管還是免不了要下手管所有的細節。

27. 主管管大事，組織文化管小事

主管要塑造一種能管小事的組織文化，要求所有的底層工作者，都要重視細節小事。

工作從小做起，細節做好，工作才會完美。而所有的工作都要轉化為工作流程，每個流程再細分為各種步驟，而每個步驟都要講究細節，做到完美。小事的完美，才能成就大事；細節的完美，才能成就整體。

一次公開演講，一位來賓問我：「如何管理時間，為何能做這麼多事？」我回答：「我通常只管三件大事：訓練員工、處理問題單位，以及參與新創單位，其他例行事務一概不管。」但是我塑造了一種管理小事的組織文化，從底層工作者，就都非常重視細節小事。

近二十年來，我們公司成立了許多新的單位，創辦了許多新公司，這些單位及公司，都在我的管轄之內，我的工作也增加了許多，可是我仍然在工作中優游自在，原因就在於我只管大事，不管小事。

每個單位都有能幹的部門主管，他們能全權處理所有事務，我幾乎不用過問。我只需要每月看報表，了解營運狀況，每季開一次業績檢討會，與主管面對面溝通，一切都可以順利運作。這就是我管大不管小的工作邏輯，放手讓所有主管管理部門事務。

可是大事是小事組成的，所有的細節可能是工作成敗的關鍵，我身為主管，可以不管小事，可是不能不重視小事，更不能不注意所有細節。

我長期在組織內建立了極為重視小事、注意細節的文化。

我不斷告訴所有同事，工作從小做起，細節做好，工作才會完美，所有工作都要轉化為工作流程，每個流程再細分為各種步驟，而每個步驟都要講究細節，做到完美。小事的完美，才能成就大事；細節的完美，才能成就整體。

我不只在組織中進行重視細節的道德說服，並制定了工作的三項原則：

一、做事首重觀念，觀念正確，動機純正，工作才會完美。

二、工作不只重視結果，更應重視過程，必須每個過程都正確，結果才會完美。

三、工作不只重視成果，還要重視方法，要用對的方法，成果才會極大化。

我要求所有部門主管，不能只看工作結果，更必須重視工作完成的過程、步驟、方法，每個小的環節，都必須按正確方式執行，這是對細節的堅持。

當我們長期重視小事，堅持細節後，組織很自然就形成了重視小事的文化，這種組織文化，讓組織的例行工作都能順利而有效的完成，主管完全不需要為例行工作擔心，而可以將所有心力放在與策略有關的大事上。

管小事、重細節，還有一件管理上的小事，那就是非常強調準時。準時看似小事，但卻是事關紀律的大事。紀律強調的是照規則做事，而時間是重要的規則表徵，什麼時間做什麼事？什麼時間要完成什麼工作？什麼時間要開什麼會？這些都是明確的要求，管好準時這件小事，事實上就是遵守紀律。

我之所以能只管三件大事，都肇因於小事皆被嚴格控管，所有部門能運作順暢，不再有小事煩心，我才好整以暇管大事。

28. 做大事也要先會做小事

主管不只要會做大事，也要會做小事，凡是部屬完成不了的小事，都是主管必須承受的「大」事。

主管需要處理的小事，包括：（一）部屬解決不了的問題；（二）辦公室中同事之間的爭執、口角、衝突；（三）每個同事個人的情緒及家庭問題。

一家網路公司要招募一些技術人員，這個工作由公司的人資部門負責，幾個月後，仍然未見成效，只找到一、兩位技術水準一般的人員，好的技術人員完全找不到。

在十萬火急的催促下，人資部門上了一個簽呈給執行長，希望委託獵人頭公司來協助。執行長看到公文後，找來人資主管詢問：「我們要的是一群技術人員，高、中、低階都有，你確定全部都要委託獵人頭公司嗎？」經過討論後，決定把技術主管委託獵人頭公司招募，其餘人員仍由公司內部負責。

執行長同時下令，要求公司內所有技術相關人員提供幾名可挖角名單，並要大家蒐集同業的辦公室電話簿，提供給人資部門，逐一打電話挖角。

經過這些措施，幾個月內，招募人才的工作終於完成，執行長下的指令，發揮了巨大效果。

做主管管的通常是決策，在管大事時，執行面的工作、小事，都分層負責，由部屬擔任。如果部屬都能順利完成，自是好事，可是如果部屬做不到，要怎麼辦？最後還是回到主管身上，仍然要主管來解決。

所以主管管的不只是大事，必要時也要能做小事，像前面所說的招募工作就是如此，當人資部門遭遇困難時，上層主管就必須出手處理，否則工作就會卡在原地。

可是對許多主管而言，既然已經分工設職，每一個部屬就應該完成分內的工作，如果不能完成，就是失職，因此面對不能完成的工作，許多主管只是責備，逼迫部屬完成，要不然就是抱怨遇到了不稱職的員工，可是如果只是這樣做，事情永遠不會解決。

所以主管不只要會做大事，必要的時候也要會做各種小事，凡是部屬完成不了的小事，主管都必須概括承受。

主管需要處理的小事，包括：（一）部屬解決不了的疑難雜症；（二）辦公室中同事之間的爭執、口角、衝突；（三）每個同事個人的情緒及家庭問題。

部屬解決不了的疑難雜症，通常是正常工作流程下所無法處理的問題，主管雖然不必立即介入，可是一旦一段時間之後部屬仍無法處理時，主管就需要介入。而既然是正常方法解決不了的事，主管的處理就要從「破格」與「創意」下手，用正常時期不會用的方法，例如蒐集同業的電話分機表，逐一打電話挖角，這就是破格的做法，但直接而有效。

至於辦公室中同事的爭執與衝突，表面來看，這絕對是小事，這種事幾乎無日無之，主管可以不理，但不可不知，對辦公室中發生的各種小事，都需有效掌握，一旦衝突擴大到影響正常工作，就要明快處理。

個人的情緒及個人面對的家庭困境，主管一旦知道，就必須立即下手表示關切、處理，這種時候通常是主管表現關懷，收攬人心的時候，這種小事絕對要當大事辦理。

第13章

審慎 vs. 果決

推動工作做決策時，

要審慎還是要果決？

孟浪衝動與猶豫不決

主管的決策速度，會形成團隊對主管的印象，有人明快果決，有人審慎周到，這兩者都是中性的形容詞，但如果再快一些或再慢一些，就會變成負面的表述了。

比明快果決再快速一些的決策速度，可能就會被形容是孟浪衝動；而比審慎周到再慢一些，可能就是猶豫不決了。不論是孟浪衝動或是猶豫不決都是有問題的決策模式，都會給組織帶來災難。

每個主管的個性不同，決策的速度也互異。性格直爽的人，會傾向快速決策，任何想法速戰速決，很快就做出決定，這樣的主管很好相處，工作順暢，是受歡迎的主管。

而思慮周延的主管，決策速度會慢一些，但也不至於拖延太久，仍然能在等候時間內做出決定，這種主管的決策審慎周到，通常決策品質較佳，較少出錯，也是受信賴、受歡迎的主管。

決策的快慢和當事人的個性有關，每個主管都必須了解自己的性格取向，以便在做決策時稍作微調，期待能做出最佳的決策。

如果是個急性子的人，在做決策時，可以刻意放緩腳步，多想一兩天，也多徵詢一些其他人的意見，總之不要立即做決定，這絕對有助於決策品質的提升。

相反的，如果是個性慢的人，我們也要知道自己一向就是慢條斯理的人，應該稍微加快決策速度，讓團隊能工作順暢。

如果能這樣調整，那麼主管就會具有明快果決與審慎周到的雙重個性，這是最理想的主管形式。

比較麻煩的是另兩種個性的主管：衝動和猶豫，都會給組織帶來災難。衝動的主管，常會做出錯誤的決定，使團隊遭遇災難；而猶豫不決的主管，則會錯失決策時機，讓團隊不知所從。

如果知道自己是衝動型的主管，就要在自己見獵心喜時，強制自己暫緩做決定，多想幾天，多思考利弊得失，就可以平衡。

至於是猶豫型的主管，就要強行給自己一個下決定的最後時間，在最後期限到來之前，一定要做決定，這樣就可避免拖延太久。

29. 會踩油門，也要會踩煞車

我會逼迫部屬提高業績目標，可是我也不是一廂情願的調升業績，我也會衡量整體環境的變動，主動降低業績目標。

作為一個好主管，就是要明理、講理，透析環境的變動，而不是一味的擠壓業績，迫使部屬交出做不到的業績。

有一個單位連續數年業績都超額達成，是我們公司裡的明星單位。某一年年底，在編列明年度的預算時，這個單位的主管又照往例，提了一個極具挑戰性的目標。看到該單位提的年度預算之後，我找來這位主管，問他對明年仍然充滿信心嗎？他回答得斬釘截鐵，把握十足。我要他再仔細思考一下，也提醒他外界環境正在變化，要不要重新想一想，保守一些。

在重新盤點之後，這位主管還是決定維持原有預算。我告訴他，我對他的積極態度表示肯定，也勉勵他要全力去完成預算。可是我也提醒他，我已經察覺到環境的惡化，我估計他們明年如果保持他原本所提的預算，他們將會很辛苦。為了安全起見，我只認列他們所提預算的八〇%，希望明年他們要小心謹慎！

這位主管滿臉狐疑，對於我的善意很不能理解，因為我一向是擠壓業績無所不用其極，現在竟然主動降低預算，實在是很奇怪的事！

第二年，這個單位在第一季勉強維持了預算，第二季開始就逐季落後預算。到了下半年，這位不服氣的主管全力衝刺，希望把業績補回來，只可惜事與願違，最終只達成原預算的八〇%，和我預計的完全吻合。

這位主管問我，為什麼能夠未卜先知，預見他們業績的成長會趨緩？

我回答他，我從內外兩個因素，看出他們會遭遇困難。內部的因素是，他的團隊已經全力衝刺了很多年，整個團隊都處在高度的壓力之下，很難再像過去一樣追逐業績。

外部的因素則是，他們所做的生意，好景氣已經延續了幾年，市場開始出現疲態，新年度要再維持好光景，並不容易。這兩個因素加總，讓我採取了較保守的估計。

我告訴這位主管，做老闆的一定要徹底了解所屬團隊的實力，知道什麼時候該踩油門，什麼時候該踩煞車，才能精準的帶領團隊完成最正確、恰當的業績目標！

我曾經連續三年讓同一個單位維持同樣的業績目標。在這三年中，我努力調整這個單位的團隊組合，讓不勝任的人離開、加了一些好手，也改善了內部的工作流程，並做出產品的創新。最重要的是，我全力提升了團隊的士氣。

歷經三年的整理之後，接著我連續三年要求這個單位業績目標成長兩倍半，我很精準的掌握了團隊的營運實況，我知道他們真正的能力如何，他們能做到多少業績。了解團隊的底細，是一個主管必須做到的事。

此外，主管也要有能力體察外界環境的變動、判斷市場趨勢，以及競爭對手的動態。要能踩油門，也知道踩煞車，才是真正能掌握團隊實況的好主管。

30. 求也退，故進之；由也兼人，故退之

孔夫子回答弟子的話，兩個不一樣的人，遭遇同樣的情境，卻得到完全不同的結果。這是為什麼呢？

原因只在於一個是遇事退縮的人，所以孔子鼓勵他積極進取；而另一個人是膽大積極的人，所以孔子要他退一步想。

主管要衡量自己的個性，或進或退，自我裁量。

《論語》中，孔子與冉求及子路的對話，是行動及決策的經典案例。

子路問孔子：「聽到就能去做嗎？」孔子回說：「有父兄在，怎麼能聽到就去做呢？」接著冉求又問同樣的問題，孔子的回答是：「聽到就可以去做。」

公西華在一旁聽了很奇怪，為什麼同樣的問題回答都不一樣，孔子的解釋是：「冉求遇事總是退縮，所以我鼓勵他進取去做；而子路積極膽大，所以我要他退一步想。」

我也是子路型的人，做任何事，我通常決策快速，行動敏捷，可是也因而吃了許多虧。

有一次我聽到一個好生意，立即下了決定，承諾要做，但事後仔細研究，發覺不如預期中的好，甚至可能虧損，最後我只好賠了訂金，再說抱歉解約。能解約還是好事，有些事是解不了約的。

我們每隔一、兩年，總要啟動一些創新事業，我在事前評估時，對大多數的新創事業總是樂觀看待，老是覺得事事都可行，因此要中斷一個新創事業，總要大費周章，雖然浪費的錢不多，但是人力的投入，因為做了白工，對士氣的打擊很大。這也迫使我不得不去思考我的決策過程是否出了問題！

其實我不只有決策過於快速、激進的問題，有時候我也有猶豫不決的問題。

當我遇到麻煩的事、困難的事、不易解決的事、訊息不明的事，都會猶豫不決，經常拖延到最後一刻，才匆忙下決定，以至於犯了決策粗糙的錯誤。

每個人都喜歡做順手的事，順手的事通常是好事，好事容易做、快樂做。可是遇到不順手的事、麻煩的事、困難的事，通常都難做，難做的事，大多數人會先放在一旁，非到不得不處理時才處理。

所以說我是子路型的人，做事都積極進取，這也不盡然，遇到麻煩的事，我也會瞻前顧後、猶豫不決。

另外一種事我也會猶豫不決，那就是訊息不明的事。許多事我們看不懂、不了解，這都是訊息不明。面對訊息不明的事，我們通常要立即動手蒐集資訊，把不懂的事弄懂、弄明白，這樣才能下決定。可是有時訊息不易蒐集，這時也會一直拖延。

從我自己的經驗，我明白每一個人身上都會有子路及冉求的影子，會快速下決定，也會猶豫不決，而這兩者都不是好習慣，都可能有不良後果。

為了避免這兩種毛病，我為自己訂了兩條規範：（一）決定不要立即說出口，放幾天再說；（二）猶豫不過三，限期要下決定。

遇到我喜歡做的事，明明我已有了清楚的決定，暫時也不要立即說出口，等再沉澱一下再說，這是「由也兼人，故退之」。

遇到難以決定的事，猶豫一定不可超過三次，要給自己限期，不可無限制拖延。

每個人都有果決與猶豫的個性，要小心管理。

第14章

算業績vs.喊業績

每年編列明年預算時，

要算業績還是喊業績？

業績要算也要喊

大多數的主管是要肩負業績責任的，而有帶業績的主管通常在每年年底都要重新設定明年的業績目標，而目標的設定就是主管必須學會的能力。每年在訂定業績目標時，都難免向上級老闆來回討價還價，而最後的定案，也通常是相互叫板的結果。

一般而言，每年的業績通常由下層主管提出初步的版本，呈送上級主管核定，而上級主管如果不同意，會指示下級主管重做，重做通常是提高業績目標，下級主管再提出第二個版本。如果還是未獲同意，那就要再商議，一直到最後雙方同意為止。

而在業績訂定的過程，一定會涉及是算業績，還是喊業績，這是兩個截然不同的業績訂定方式。

算業績通常是把過去幾年的業績列出來，計算每年的變動，同時也評估明年的變動，算出成長或衰退的比率，然後訂出明年的業績目標。一般而言，每年的業績目標都要維持一個自然增長率（organic growth）大約是五％到一〇％左右，這個業績是算出來的。

而喊業績則是另一種粗魯的業績決定法，訂業績的人一廂情願的想明年想要完成的成長比率，直接喊出一個極具創意的數字，這通常是極高的業績目標。

訂業績時，有人用算的，也有人用喊的，問題是主管要用算的，還是用喊的？

這要看你的上級老闆是什麼樣的人？如果上級老闆是個雄才大略的野心家，那麼他對業績的期待會是用喊的，喊一個不可思議的數字逼迫你接受，你算出的業績他絕對不可能接受！

所以只要上級老闆是個野心家，我絕對會採取喊業績的對話方式。可是喊業績也不是毫無來由的亂喊，我通常會採取先算再喊，或者先喊再算的方式訂業績。

先算再喊指的是先精算明年可能的業績，如成長二〇%，然後有了這個基礎之後，再向上喊業績，如成長五〇%做得到嗎？如果可以，就把五〇%作為喊業績的目標。

先喊再算，指的是直接想數字，如成長百分之百、八〇%，再去思考如何達成。

做主管的人，在訂業績時一定要有企圖心，訂一個高的目標，尤其當我們遇到一個欲壑難填的野心家老闆時，更要能算、也能喊！

當然這是處在順境時訂業績的方法，可是如果外在環境不佳，總市場正在下滑的狀況，那麼就不可以亂喊，亂喊的業績只會變成笑話。

要務實的精算，甚至要做出降低業績目標的預算，這也是可能的事。

31. 自己訂目標，自己驗成果

新興的網路公司如谷歌，正在推動一項新的管理制度：「目標與關鍵成果」（OKR），要求整個團隊各自訂定目標，然後時間到，各自檢查自己達成的成果，然後再重新訂定目標，再檢查。

這樣的制度，創造了新興網路公司極佳的成果，這是值得企業界思考的新制度。

網路巨霸谷歌（Google）推行一項叫做「目標與關鍵成果」（Objectives & Key Results, OKR）的制度已經很久，不但讓所有員工自己訂「目標」（objectives），也自己訂想完成的「關鍵成果」（key results），逐月逐季逐年檢討。谷歌這些年的成長，聽說與這項管理制度有巨大的關聯，這實在是值得思考的問題。

要推行OKR的組織，必須擁有一項核心價值，就是相信組織內所有的成員都是天分極高、能力極強的工作者，他們的態度主動積極，認真負責，所以都能自我管理，自訂目標，自己檢查、改進、檢討。這項制度的終極結果就是組織內的「無領導管理」，沒有高高在上的主管下指令，完全由員工由下而上的自主管理。

這聽起來是組織管理的理想圈，推行這項制度的公司，這些年也都交出了極傲人的成果，這項制度真的是組織管理未來的理想模式嗎？

到目前為止，我還沒有機會深入了解這項先進管理制度的內涵，也沒有實地訪問了解推動這項制度的公司，所以不敢置評。不過，對於讓員工自己訂目標，自己設定檢查成果，我倒是有長期的實踐經驗。

我帶團隊時，難免要交辦任務，剛開始我通常會直接下令完成時間，員工儘管面有難色，也不敢和我討價還價，只能照辦，可是結果常常不是交出品質不佳的成果，就是無法在時限內完成工作。有了這樣的經驗，我知道如果由我單方面下指令，恐怕不是太好的方法。

之後，我嘗試改變。交辦完任務後，我會問他們，大概何時可以完成？如果他們說出的時間是我可以接受的，我就同意。如果他們的時間超出我的範圍，我再進行溝通，酌量調整。經過這樣的改變之後，任務順利完成的頻率提高了，我體會尊重工作者，傾聽他們的意見，絕對有助於效率的提升。

每年做年度預算時，我也是用同樣的原則，讓主管自主的提出明年度的工作及業績目標，我再一個個約談他們，仔細傾聽他們的思考邏輯。當然，最後我會加上我的意見：對保守的主管，鼓勵他積極進取；對樂觀大膽的主管，我會協助他再仔細檢視決策的合理性。總之，這也是激發團隊主動積極的自主性。

其實，在現行「由上而下」管理的組織中，仍然可以試行「目標及關鍵成果」制度：主管可以要求所有團隊成員，每月或每季提出未來要完成的工作目標，以及要達成的關鍵成果，然後透過逐月逐季的成果對照檢討，絕對可以提升工作成果。

32. 如何算業績？（一）

獲利要成長，最簡單的方法是營收要成長，營收成長，只要維持一定的獲利率，總獲利也會成長。

而營收要成長，最簡單的方法是要每個營業人員等比成長。

可是營收如果成長不了，那麼要獲利成長，就只剩下節省成本、費用一途了，那必然就是極辛苦的做法。

歲末年終，又到了編預算的時刻。

一個單位在二〇一八年賺了一千萬元，主管報了二〇一九年的獲利是八百萬元，我完全不能認同，找了主管來溝通。

「為什麼不但沒有增加，還減少？」我編預算的邏輯是每年都應該有「自然增長」（organic growth）一〇%到一五%，這樣問理所當然。

「因為整體市場還在萎縮，而今年因為有些特殊的專案成交，所以業績特別好，明年不能預期有類似的專案，所以做了微幅衰退的預算。」

這位主管是憑感覺報預算，我覺得有必要徹底教一遍，業績預算要如何算？

一、先確定前一年的總營收與總獲利。

以這個單位為例，總營收是一億二千萬元，而獲利是一千萬元，獲利率是八．三%。

二、再確定明年的目標。

通常會以獲利為基準，如果要成長一〇%，那麼就是一千一百萬，然後再推營收，如果營收有可能成長，那麼獲利就有機會自動完成。如果營收不能成長，那麼獲利要提升，就只能靠節省成本和費用去達成了。

三、所以獲利要提升，最好的方法是營收要提升，而提升營收的方法，就是把產品線及營業人員的生產力具體展開。

以這個單位為例，有三條產品線，業績分別是六千萬、四千萬及兩千萬，而營業人員總共有八人，平均每個人的營業生產力是一千五百萬（一億二千萬除以八）。

仔細評估各產品線是否營收有增長可能？把要增加的營收分配給可能提升的產品線，通常不可等比分配，要仔細檢視各產品線的營運狀況，再給予不同的業績目標。

至於人員，就可以由他們先行提報明年業績目標，並要求每個人業績成長一〇%作為標準。這樣就可以將得到的營收目標，落實到產品線及營業人員。

四、如果仔細試算後，營收成長的可能性不高，只能看齊前一年業績，若想要獲利成長，那麼就只能期待省錢一途了。

如果要省錢，就不外乎成本及費用了，把所有成本及費用科目具體展開，逐項檢討，看看每一個項目能省多少錢、加總後能不能達到目標。

省錢還有一個非常重要的項目，就是人事費。通常只要人員減少，整體支出就會跟著節省，人員的檢視極為重要。

五、這是積極算業績的方法，要每年有所成長。

但是如果算完之後，實在做不出成長的預算目標，就代表我們處在一個極惡劣的外部經營環境，或者我們所在的產業，正面臨每年向下探底的衰退狀況，那麼我們就要有心理準備，至少要做出一個平前一年業績目標的預算。因為畢竟一個主管做出負的預算是一件極為丟臉之事。身為主管要想盡辦法，克服困難，維持前一年的預算是基本的責任。

33. 如何算業績？（二）

傑出的主管，縱使遇到不景氣，遇到整體行業營收下跌，也會嘗試做出一個打敗市場變化的預算，例如全市場下跌一五％，可是我們公司只下跌一〇％，這就是打敗了市場趨勢。

而如果我們能在成本費用也有效撙節之下，那麼公司的獲利也會有更明確的績效。

每年要預估明年業績，有兩種不同計算方向，一是積極，一是消極。積極時想成長，一年要比一年高；消極時想維持，只要能維持前一年的狀況，就是好事。這兩者都是可能的現實，作為經理人，兩者都要學會。

上一篇文章，就是積極的算法，每年至少要有一〇％以上的自然成長，有時甚至還要更高，這當然是好事，可是若外在環境惡劣，消極的業績算法又該如何呢？

消極的算法通常是在市場快速萎縮時發生，例如目前台灣的圖書出版市場，平均每年大約減少五%到一〇%左右，從二〇一〇年新台幣三百六十七億元的營業額，減少到近年大約只剩下一百九十億元左右，面對這樣快速下滑的行業，出版業的預算又該如何務實的計算呢？

首先我們可以先攤開前一年的財務報表，仔細檢查前一年的生意結構，看看是否存在異常的生意。例如有一本意外的暢銷書，或有一筆偶發的大生意，通常這種生意都是可遇不可求，我們不可能期待年年都有這種好運氣發生，所以第二年的預算通常要把這樣的生意排除，這叫做去極端值，統計學上會把極大極小兩端的數字排除，不計算在平均值之內，這樣得出來的平均值才會趨於正確。

去極端值不只要去意外的好生意，意外的壞生意也要排除，因為意外的壞事也不會年年發生。

去完極端值後，接著就要思考行業景氣變動。例如估算全行業若向下衰退一五%，那麼我們公司會如何？是要等比下滑呢？還是要有不同思考呢？

分析行業景氣變動是務實的，避免我們算出一個樂觀而自我感覺良好的預算，但務實之中，仍要有積極的思考：我們公司是否也只能依循行業景氣下滑，一起向下沉淪呢？負責任的經理人通常會做出一個打敗行業均值的預算，例如行業平均下滑一五％，那麼我們公司要更好，只下滑一〇％，這就是在務實、現實考量之下，仍然保持樂觀的積極面。

這是營收面的思考，同業下滑一五％，而我們公司只下滑一〇％，雖然打敗了行業平均值，但若能有更積極的想法，就更能表現出經理人的能耐。生意少一〇％，能不能透過各種撙節措施，讓成本費用也減少呢？當然可以！

傑出的經理人可以想盡辦法省錢：省人事成本，省行銷費用，省材料費，省例行開支，要省下任何能省的每一塊錢。若這樣估，那麼在預算上，就可能出現獲利只減少五％的狀況。

所以儘管同業情況不妙，整體營收下滑一五％，但是我們公司營收只下滑一〇％，可是獲利卻只下滑五％，這是在整體情況不佳，經理人在做消極的預算時，也應具備的積極想像。

去極端值是極重要的思考，也是務實的作為，不能一味的想維持或提高預算！

第15章

動手vs.動口

帶領團隊時，

要動口還是動手？

從動口又動手，到只要動口

主管要動手做事呢？還是動口、下命令、指揮、教育訓練呢？

這個答案很簡單，一定要做個動口的主管，而不要做個動手的主管。

如果主管要自己動手做事，一定是十萬火急，萬不得已的狀況，才需要主管自己動手做事，因為所有的團隊都已經彈盡援絕，派不出任何人手了！

我們可以設想主管的功能：主管是要帶領團隊完成組織交付的任務，完成任務是終極目的，而手段是帶領團隊去完成，所以主管的功能是帶領團隊而不是自己動手做。

帶領團隊的方法，就是動口、下命令、指揮、教育訓練。

動口是分工設職，劃分團隊成員的角色，要他們去做不同的工作。

下命令是指揮、協調，要團隊按既定的流程，一步步完成工作。

動口還有一個重要的功能是教導，如果團隊不會做事，那麼主管就要教導，要負責把團隊教會，然後完成工作。

有些不成熟的主管會說，我做起來十分熟練，就不如我自己做，為什麼要教呢？教了半天團隊依然不熟練，也做不好，教是得不償失的事。

這完全是錯誤的觀念，一個主管只有兩隻手，能做多少事呢？只要把團隊教會了，他們以後都可以做事，這是一勞永逸的事。而且就算學習緩慢，但只要不斷教，團隊總會學會，絕不可以因自己做較熟練，就自己動手做。

這是作為主管的終極情境，組織健全，團隊幹練，所以主管只要動口，指揮若定，完全不用自己動手。可是大多數的主管做不到，仍然需要自己動手。

一般而言，主管所帶領的團隊多數是新手、老手兼具，團隊能做事，但也不完全充分，通常也都需要主管一起動手工作，才能勉強應付。這種時候，期待主管完全不用動手，就不可能發生。

這種狀況，主管就要一方面動手，和團隊一起做事，而另一方面也要同時動口，指揮調度，才能有效完成工作。

而什麼樣的工作，應由主管自己動手做？什麼樣的工作，應分派給團隊去做？

主管自己動手做的事，通常有三種，第一種是主管做得非常熟練的事，主管自己做效率較佳，較諸他人更快、更好，這種工作如果由主管帶頭做，會產生極大的效益。

第二種工作是所有工作最重要、最困難的部分，由主管自己動手做。

第三種工作是整合協調的工作，這種工作事關整體綜效，由主管自己負責，有其道理。

這種又動口又動手的狀況，通常要維持許久，一直到整個團隊上軌道，主管才能放手。

34. 無論如何，用雙手完成不可能的任務

遇到任何困難，雙手是我們唯一可以依賴的工具，我們一定要用雙手解決問題，用雙手排除障礙，用雙手完成不可能的任務。

我的團隊曾經面臨極艱難的困境，可是他們絕不放棄，絕不認輸，用決心度過了重重難關，沒有把問題丟還給我，我以你們為傲。

企業經營，總會遇到驚險萬狀的艱難情境，這時候就是考驗經營者的決心及毅力的時候了。

在我們公司導入ERP系統的那一年，我們因為開帳不確實，導致資產負債表結不出來。財務部門完全沒有讓我知道這個困境，他們自己用手動試算，以及估計的方式，填出資產負債表，然後用一年的時間校準財務報表。一年之後終於讓財務報表恢復正常，度過了驚險萬狀的一年。

我是事後才知道這件事，我找來財務長問明白。我問他，發生了這麼大的事，為

什麼沒有讓我知道？

他回答，就算讓我知道，我也幫不上忙，不會有任何作用，反而會影響我推動ERP的決心，所以他決定用自己的方法面對困境，無論如何都要用自己的雙手解決問題。

我聽了之後，感動莫名。我的團隊面對艱難困境，竟然還能顧全大局，為我分憂，用他們自己的力量，設法完成不可能的任務，在極端困難中，排除萬難。我除了感動、感謝之外，還能有什麼話說？

事後我才知道，他們在這一年之中，遭遇了幾次會計師事務所的查帳。事務所的人對報表雖然有些質疑，但我們的人都能很有效的說明和解釋，安全過關。這說明了我的團隊十分專業，對公司的營運狀況十分理解，才能在估算中，填出八九不離十的財報。而經過此次考驗之後，我們團隊的專業水準更上層樓，變成更厲害的團隊。

這個故事只在說明一件事：企業經營往往都會面臨極危險的困境，這個時候，經營者完全沒有退路可走，唯一的方法就是面對它，下決心用雙手去完成不可能的任務。

如果我的團隊沒有解決困難的決心，把問題還給我，那我能怎麼辦？

最壞的狀況是，我也束手無策，向困境投降，放棄正在推動的ERP，回歸原有的財務作帳方式。這是最可怕的後果，等於我們許多年的努力完全付諸東流，徹底認輸。

而如果我不認輸，可是實務上也幫不上忙，我可能向簽證的會計師事務所承認報表結不出來，那絕對會引起一場軒然大波，後果完全不可測。

可是我也確定我一定做不出要財務人員自行估測的決定，因為這無疑是做假帳，我不可能讓部屬做出違法的事。我的財務部門是偉大的，他們以公司為重，自己想盡辦法解決，就算可能觸法也在所不惜。我疼惜他們，同時告誡他們以後絕不可再瞞著我冒險，但也充滿了感激。

這是個極端的案例，團隊踩著紅線，排除萬難完成任務，但也見證了團隊用雙手完成不可能任務的決心。

35. 我只提供第二意見

在團隊中，我很少動手，我都是動口，我告訴團隊我的經驗、我的方法、我的邏輯，還有我的判斷，我的想法永遠是他們的「第二意見」，我的意見僅供參考，他們可以接受，也可以拒絕，但是只要接受，這就不再是我的意見，而變成是他們的意見，他們要為最後的成果負完全責任。

每週一、二的早晨，我們公司各有一場圖書出版的討論會，每一場都有三個單位，把即將要出版的書，提出完整的規劃報告，然後請所有的與會者給予意見。會中常引發討論，常在做法上出現南轅北轍的想法。這是我們公司內部的一項制衡機制，讓每個單位有機會聽聽其他人所想，不至於在工作上陷入一意孤行的困境。

這樣的討論會是我視為最重要的工作會議，若無要事一定參加，除了代表我的重視，也會在會議中提供我的「第二意見」，以作為他們工作上的參考。

所謂「第二意見」，就是可以聽、可以參考、可以借鏡，但不一定要遵照辦理。

這個會議剛開始舉辦時，每一次當我講完話，都會出現尷尬的場面，當事人常不知如何處理。是要照我所說的話做呢？還是依原來規劃做？不照我的話做，似乎不給我面子，但若照我的話做，似乎也沒比原來的想法高明太多，經常模稜兩可。

我很快就察覺這個困境，馬上宣布了「第二意見」的遊戲規則。我的意見雖然是討論會的最後發言者，頗有一錘定音之態，但是我的意見也只是眾多發言者的一家之言而已，僅做參考之用，不必一定要遵行。

第二意見的說法確立之後，大家都鬆了一口氣，從此不再覺得尷尬，這其實是非常重要的制度設計，對公司內部智慧的發想具有重大的功能。

我們所辦的圖書出版討論會，具有例行工作檢討會的性質，因為討論的都是即將出版的書籍；另一方面，這個會議也有動腦會議的性質，所有的參與者，可以海闊天空的提出各種奇怪意見，不用思考可行性，也不用為意見負責，目的只為讓主事單位可以腦力激盪、觸類旁通，看能不能引發更好的意見。動腦會議就是要意見多、意見奇，大家才能放開發言。

而我的身分是大主管，又是最後的發言者，常被視為最後結論。可是這並不是最好的，因為不見得是我最深思熟慮的發言，或是最聰明的決定。而且如果每次都照我的說法辦理，當事人也未必服氣，他們可能也覺得自己的想法很不錯，為何一定要依我的話做呢？

所以「第二意見」的說法解決了所有人的困難，讓我可以在未必深思熟慮下，也能天馬行空的暢所欲言。而我的團隊也不必因為我而放棄他們自己的想法，或扼殺了他們的創意。

每週舉辦的出版討論會，是我們公司極重要的制度，一方面檢討例行工作，另一方面也達到了腦力激盪的功能，讓所有同事，沒錯！是所有同事，我要求全員到齊，因為腦力激盪是一種教育訓練，既是教育訓練，當然就一個也不能少，大家一起學習。

這些年，我為公司訂定了許多制度，每一項制度都是一步步演進形成的。

36. 我每天只做三件事

我是一個只動口的主管，我每天只做三件事：教育訓練、整理問題團隊、參與新創團隊。

教育訓練的方式是參加各單位的各種工作會議，我會在會中提供我的意見，給他們做參考，這也是訓練。

我也會協助問題團隊的整理，為團隊尋找合適的變革主管。我也參加新創團隊，我會和團隊一起走過創業過程，參與他們的討論。

許多朋友常問我：你負責這麼多事，每天一定很忙吧？

這是許多人的疑問，可是我總是回答：「我不忙，我每天只做三件事！」雖然總計有數百個員工，一、二十家公司，營運單位也有幾十個，而直接、間接向我報告的次級主管也超過二十個，這是個複雜的組織架構，想起來我怎麼可能不忙呢？可是我真的不忙，原因很簡單，因為所有單位都有能負完全責任的權責主管

（accountable manager），不但為所有例行工作負責，也為部門業績成敗負完全責任。

這些權責主管都是我多年花心思培養出來的，我對他們完全信任，他們也能充分負責，因此我就沒什麼事做，只要一段時間看看報表，掌握一下進度就可以了。

由於完全不介入例行工作，所以我為自己安排了三件事，每天只要做這三件事即可：

第一件事：教育訓練。

我的教育訓練是參加各單位的例行工作會議，我要求全員到齊，會中會討論執行中的工作，他們會說明如何規劃、怎麼想，也會說明要怎麼做，當然所有人也會提出意見、集思廣益，這比較像工作上的動腦會議。

而我總是最後一個發言，我會對他們進行的工作分析利弊得失，也會從過去已發生的事件，相互比較、檢討，當然我也會提出具體建議，給他們做參考。

我一向強調：我的意見，僅供參考，不一定要照著做，而且就算照我的意見做，他們也要自行負責，不可把責任推給我。

這樣的會議目的在讓我的經驗能傳承，讓所有工作者一起學會，每週這樣的會議有三、四次，這是我花最多時間做的事。

第二件事：參與新創事業。

每年我們公司都會有新創事業啟動，這些新創事業從無到有，通常帶著高度的探索性質，對新創事業我總是身歷其境。

新創事業一樣會有權責主管，而我的參與通常是每隔一段時間與這個主管One on One當面溝通，他會報告工作進度、想法，面臨的困難及未來的工作方向，而我總是聽，聽完再給予建議，不斷的校準新創事業的工作方向，老人的經驗，對新創事業總有些幫助。

第三件事：整理有問題的營運單位。

在眾多營運單位中，總會有些單位出現問題，遇到這種狀況，就是我最重要的責任了。

首先我會要求權責主管負起責任，要限時逆轉營運狀況，過程中我也會參與，如果長期無法改善，我就要物色主管，換人再試試看。讓所有的單位營運良好是我的責任。

我能擺脫例行工作，是因為我為所有單位找到最佳主管，有他們負責，我就可以只做我認為重要的三件事，這是企業經營的最理想狀況，平日喝茶看報，只處理特殊緊急狀況。

第16章

獨斷vs.眾議

主管做決策時，

要獨斷獨行，還是要眾議公決？

從獨斷獨行到眾議公決

我剛當上主管時，一方面是因為愛面子，一方面也因為沒信心，所以遇到任何事，都自己一個人下決定，根本不敢和別人商量。

這種獨斷獨行的狀況，持續了許多年，中間也發生了許多事。

其中一件事是有一年團隊要出去旅遊，大家要決定去哪裡，因為我一向獨斷獨行，因此就算這種需要大家公決的事，我也一樣強力主導。最後在我的誘導之下，終於選了我想要去的地方旅遊，可是大多數人卻選擇不去，因為這不是他們想要去的地方，員工旅遊只能停辦，這件事弄得我這個主管灰頭土臉！

另外一件事，是我們推了一個專案，想藉此增加業績，公司也同時編列了一些行銷預算，這是極重要的大事，我們都有絕不能失敗的壓力。當然我也一樣自己一個人思考、自己一個人做決策，然後指揮團隊所有人一起參與。

只是整個專案的推動困難無比，所有的行銷都做了，但業績始終無法提升，最後不得已我只好把所有同事都當成銷售員，要求大家動員所有親朋好友來捧場，可是就算用盡所有的氣力，專案仍然以失敗收場。

當時我有一個非常重要的副手，事後跟我說，這個專案他事前就知道會是個悲劇，可是我從來沒有讓他們有表達意見的機會，否則他一定會在事前提醒我。

我很後悔，為什麼我不讓大家有機會集思廣益呢？

經過這許多事，我也發覺訴諸團隊公決，並不是沒面子的事，也不代表我能力不足，於是我開始學習，只要是和團隊有關的，我不再獨斷獨行，先讓大家發表意見。

我發覺團隊的公決，有一定的道理，大家都認為對的事，確實失誤的機會較少。而且就算大家的意見與我的不一致，我也能有機會仔細思考，到底誰是誰非。當然如果思考之後，還是認為自己想法是對的，我也可以運用主管的權限，要大家接受我的意見。

所以當我能自由自在做主管時，我的決策過程，完全先讓團隊公決，博採眾議，最後再由我拍板，這是先眾議，再獨斷的過程。

可是就算我願意博採眾議，卻也常發生集體噤聲的狀況，大家都提不出好意見，或根本沒意見。這通常是面對組織的重大關鍵性決策，大多數的人通常覺得茲事體大，不敢置喙。所以主管也要知道關鍵性的重大決策，只能自己聖裁獨斷，不可推給團隊。

37. 先聽眾議，再行獨斷

成熟的主管在做任何決定時，一定不會無視團隊的存在，必須讓他們有發表意見的機會。

最好的做法是兩階段決策，先問團隊大家的意見，博採眾議，訴諸公決。之後如果大家有共識，就公決行之。如果還缺乏共識，再進行第二段決策，由上級主管乾綱獨斷，自行決定。

一個單位原有的生意老化，許多年來一直在尋找新的可能，我們要求所有人都要提出想像，並進行內部的辯證，可是許多年來，總是發言盈庭，莫衷一是，無法下決心去做一件新的生意。

我下了決心，不再在猶豫中糾纏不休，便下了指令，要求大家一定要在三個月之內，討論出明確的方向，並付諸實施。

我們又開始了博採眾議的過程，第一階段：人人皆可提案的動腦會議。第二階段：投票過濾，選出八項提案，進行最後的深入討論會。這八項提案，每一個都要進行半天到一天的仔細討論，以得出進一步的結論。第三階段：最後決選，從八項中選出最後三項，提供高層決策參考。

當這三項提案進入最後的決策會議時，反而沒有太大的辯論，因為每一項提案都已經有了完整的書面資料，也已歷經了尖銳的辯證。對我而言，這反而是很難的抉擇，每一案似乎都可行，也都似乎無把握，我深怕我的決定鑄下大錯。

我想把決定交由眾議，於是要求開會的人，公開投票，可是沒想到，三案皆有人支持，也有人反對，又形成三分天下之局，眾議又難以決定。

每個人又把焦點放到我身上，指望我做個決定。

對我而言，這並不是很困難的決定，我常常要在大家發言盈庭，卻懸而未決時，做出最後的裁決。

這是作為一個主管必須接受的訓練，要替團隊做一個艱難的決定，而之前我所描述的過程，就是最安全，也是保險的做法：先聽眾議，再行獨斷。

一個英明的主管，當然不乏睿智的決斷，但主管絕對不可以動不動就鐵口聖裁，一切依賴主管聖裁的團隊，終究會平庸化，無法成長，做不了決定，只能成為照章辦事的團隊。

一定要先透過博採眾議的階段，先不預設任何結論，要求大家從各種角度進行辯證，這樣一來可以聽到每一個人的思考過程及邏輯推理，也可以培養團隊成員的思辨能力。

而眾議的過程，絕對不可以只做分析，不做結論。許多人不敢負責任，常常只做正反面的分析，但卻不下結論支持或反對，這絕對不允許。所有參加討論的人，一定要表態、支持或反對。這樣才是真正負責的態度，也才有助於做最後的決定。

經過眾議且所有的人都表態之後，這時就是主管出手的時候了，主管已經看清楚民意的方向，就可以順從民意，做個皆大歡喜的裁決，讓大家一起為最後結果負責任。

主管也可以做個大逆轉的裁決，這時主管就要小心陳述為何要做出違反民意的決定，要讓所有人都理解，並信服。

主管獨斷易，眾議難，沒有眾議，不成為團隊。

38. 老闆只能千山獨行

有時候老闆會把自己的責任，推給團隊一起來決定，這是不負責任的態度。例如公司面臨未來轉型的改變，這種事關公司未來命運的決策，通常要由最高決策當局來拍板完成。如果公司把這種事要所有主管來公決，最後通常是發言盈庭，莫衷一是，毫無結果。

最重要的事，一定要老闆自己做決定。

一家知名高科技公司老闆告訴我：公司想轉型已經很久了，也成立了轉型的任務團隊，尋找轉型的可能，可是這麼多年來，一直沒能找到明確的方向，只能停在原地。

我知道這個老闆是公司持股過半的大股東，公司都是他說了算。

我委婉的告訴他：「你是大老闆，一切唯你是尊，轉型、創新這種重大的事，當然也要唯你是問，你要聖裁決斷，千山獨行。等待團隊提出好的建議，這是不可能的，沒有員工敢替老闆做這麼大的決定！」

過去這十幾年來，我們公司面臨紙媒介式微，市場不斷萎縮的危機，我們只能尋求創新與轉型。每一個轉型個案的提出通常只有兩種，一種是我主動看到某一種可能或者機會，要求團隊動手去實驗，最後變成成功案例；第二種是團隊看到可能與機會，向我報告後，由我拍板決定，全力下手經營。

這兩種情況，共同的現象都是由我決定，我如果不下決定，轉型將永遠在原地打轉，當然也不會有成果。

為何企業組織的關鍵策略作為，一定要老闆親自決定呢？原因無他，關鍵的策略作為影響公司至巨，嚴重的甚至決定公司存亡，這種決策當然只有老闆自己下決定，任何團隊成員不可能越俎代庖。

表面上，老闆身邊環繞著經營團隊，大多數的工作也是靠團隊完成。但是團隊做的永遠是執行面的事，也就是已知的事、明確的事和可計算的事，可是企業中還有許多未知的事、有風險的事和未來的事，而這種未知的事往往事關重大，影響深遠。

所以老闆永遠要知道心中有團隊，可是團隊也永遠不可恃，許多時候老闆只能千山獨行，只能靠自己。

我在從事創新轉型時，會要求團隊動員尋找新的機會與可能，他們要提出很完整的企畫書，如果他們非常認同，也要同時提出具有說服力的說帖，可是他們能做的事也僅止於此，他們不敢做決定，因為他們不敢負這麼大的責任；他們也不能做決定，因為公司不敢把這麼重要的事，放手讓他們做決定。

所以一切都要我自己來，這些年，我做了許多轉型的關鍵決策，有的成功，也有的失敗，我責無旁貸。只要團隊做了適當的建言，他們就盡了責任，我不能把我該做的事推給他們，關鍵時候，老闆只能千山獨行。

在公司草創時期，老闆大多數時候都只能靠自己，華路藍縷只能靠自己，探索階段也只能靠自己，第一筆生意，只能靠自己，找出生意模式，更只能靠自己。只是有規模，有團隊之後，老闆往往忘了許多該負的責任。

第17章

抗拒vs.接受

當公司下了一個不可思議的指令，

要抗拒還是要接受？

從百依百順到事事抗爭

我剛當上主管時，由於一無所有，能當主管已是遨天之幸，因此對公司充滿感激，對公司的所有事都百依百順，徹底配合，完全不會有任何不同的意見。

當然對公司所有的指令，我也會有不同的感覺，有些指令理所當然，就一定會執行；有些指令，有些困難，但是我也會全力執行，務必達成公司的任務；當然也有些指令窒礙難行，推行起來有極大的困難，但就算如此，我也是無怨無悔的遵行，對公司的政策我不會有任何懷疑。

可是隨著我當主管的時間越久，我的工作歷練越豐富，我逐漸開始有不同的想法，慢慢發覺上層主管的指令不見得是正確的，他們也經常眼光短淺，常做出有問題的決定。

問題是當上層主管做出有問題的決定時，身為執行主管，我們應如何對應呢？我們是要抗拒，還是接受呢？

要談抗拒或接受之前，要先確定一個職場的遊戲規則：職場官大學問大，官大一級壓死人，這就是職場的現實，對上層的指令，下級主管通常只能接受，不可以抗拒。

既然只能接受，就要看如何接受？

最強烈的抗拒方式，是義正辭嚴，據理力爭。寫一封措辭強烈的陳情書，力陳上層指令的利弊得失，當然重點在強調其問題與不可行，並強調如果實施，將會產生何種弊端，如何損及公司利益。還要強調已經經過仔細的討論、試行，都證實其不可行。最後，別忘了說明這是第一線上工作者的意見，提供上層主管定奪！

這封信的目的在促使上層主管改變主意，從善如流。但如果主管仍一意孤行呢？這就要進入第二種方式的接受。

這種接受不是全盤的接受，而是去除絕對不可行的部分，經過修正後的接受。

在與上級溝通時，就要確定哪些可接受？哪些必須排除？務必把不可行的部分讓上層主管知悉，而能放棄實施。

由於並非全盤拒絕，而是接受，因此這通常比較容易讓主管接受。

可是如果修正後的接受，也不能被上層老闆接納時，又將如何？

這時候主管就只剩下接受與離開兩種選擇。不是閉起眼睛，做個順民，看看最後的結果如何；就是辭職走人，因為老闆要你去做一件你完全不認同，而且不能相信的事。

一般而言，與上層主管的意見不同，這是常出現的事，就算委屈自己，接受上層主管的「笨」主意，這也是職場中常見的事，沒什麼太丟臉的。

所以藏起自己的鋒芒，接受上層主管不合你意的意見，這是作為主管必要的修煉與學習過程。

當然如果上層的餿主意，已違背了我們做人的基本原則，工作的價值觀，要拍桌子走人，這也是可以理解的。要如何做請自行衡量。

39. 在摸索中解決問題

如果主管派給我們一個從來沒有人做過的事，而且看起來極困難完成，那麼我們應該怎麼辦？

面對困難，絕對不能畏懼，要勇於接受，任何問題一定有解答，我們要在摸索中一步步找到答案。

年輕時剛當記者，沒想到報社派了一個從沒有人做過的任務給我，要我一個人負責採訪全國企業界的新聞。

當時我在《中國時報》，之前《中國時報》的財經新聞都以總體經濟、財經政策為主，因此所有的記者都是守著財經部會採訪新聞，後來覺得產業及企業新聞增加，必須強化企業新聞，因此把我調出來，專門採訪產業及企業新聞，我一個人必須面對全國幾十萬家企業及所有的產業。

當我接到這個任務，我完全不知從何下手。過去採訪新聞，習慣一開始有一個固定的地方，那個地方會源源不絕的發生新聞，等待我們去採訪，這地方可能是經濟部、財政部，可是現在我沒有一個地方可去，全國幾十萬家企業，我每天要去哪裡採訪呢？

其次是每天都可能有事發生，可是我又如何知道哪裡會有事呢？要如何事先知道要去哪裡呢？

我做了一個月的無頭蒼蠅，每天疲於奔命追新聞，要不就是無所事事沒新聞，後來，我逐漸找到一些工作的頭緒。

首先我確定有事發生，而且報社值得追的新聞都是大的企業，所以我首先必須要先掌握這些大企業的動向。

我自己先列出三、四十家大集團企業，這是我必須先掌握的對象。我開始有計畫的每天採訪一家公司，想盡各種辦法見到老闆、認識老闆，如果見不到，至少要先認識公關人員，以取得日後可採訪的對象。

而這些大企業，三不五時也有新聞必須發布，這時候就需要記者幫忙，我會適時的展現威力，盡可能把它們的新聞發得大、發得好，讓它們有面子，而日後我如果想要採訪什麼，它們也會全力配合。

我這樣的採訪策略，很快就認識了許多大老闆，他們也視我為大記者，對我的採訪要求，也會全力配合。

除了掌握重要的大企業以外，我還必須要掌握產業。每個產業都有公會，而台灣當時重要的產業公會也不過十幾、二十個，像紡織、石化、電子電機等公會，我把這些公會當作我固定採訪的對象，每天總要輪流去兩、三個公會，以掌握他們產業的動態。

我不只掌握公會，還在每個產業布建「深喉嚨」，每個產業都有和我非常要好的朋友，以便若產業有重要大事發生時，有人能提供最深入的消息。

透過這些方法，我真的就一個人採訪了全台的企業界，也很快建立起企業界人脈，當時只要是台灣知名的企業家，我都會有幾次深度採訪經驗，這個從來沒人做過的採訪工作，我勝任愉快，也開創出在大眾媒體寫企業報導的風氣。

當我面對問題時，我不會畏懼，我會不斷探索可能的解決方案，然後在測試中逐漸修正，問題最終必會解決。

40. 不足是常態，也是進步的動力

如果上層主管派你去從事一件有挑戰的新職務，而你認為自己的能力不足以勝任，你將如何自處呢？

其實能力不足是工作的常態，如果有十分之力，只做十分的事，那麼完成自是當然，也不值得慶賀，一定是只有八分力，卻完成十分之事，這才是好事，所以千萬別拒絕你自覺能力不足之事！

一個年輕人輾轉找到我，希望向我請教一些生涯的困惑。

他是一個有為的工作者，除了份內的工作外，常被派去負責一些麻煩的任務，而職位也歷經幾次調整，每一次都向上升遷。他的問題是常感到不足，被派去負責麻煩的工作，害怕自己的能力不足以應付；被升遷，也覺得他才適應原有的工作，怎麼就要面對新職務、新工作，他害怕有許多能力都不足，怎麼能做好呢？他每天都在擔心受怕。

他也懷疑，公司這樣派任能力不足的人，去接任何工作，是對的事嗎？他的困擾，也是我年輕時的困惑，我和他一樣，經常被賦予新任務，也不斷的被升遷、任用，我一樣害怕，也一樣充滿了迷惑。

只是我不服輸的個性，讓我絕不向老闆說不，每次都勉力上任，全力以赴，日子久了，對這個困惑，我逐漸有了自己的答案：

一、不足是工作者的常態，也是組織用人的常態。

如果工作者的能力是六十分，組織只分派四十分能力的工作給他，這是沒有挑戰的任務，工作者就算完成，也不會有成就感，能力也不會進步。

正常的狀況是會分派需要八十分能力的工作，給能力只有六十分的人去做，對組織而言這才是有效益的事，對工作者而言，這才有挑戰。只要工作者完成任務，就代表他的能力會進步到八十分。

所以工作者的能力永遠是不足的，要在不足中面對挑戰，然後努力學習，勉強完成，永遠不要擔心不足。

二、不足是工作進步的動力。

工作者的能力需要日日提升，月月成長，而快速進步的方法是，挑戰能力不及的工作。

在工作中學習，是成長最快速的方法，工作讓我們有目標，有時間壓力，要去完成明確的任務，這時候，如果我們的能力有所不足，我們就必須限期補足，限時學會，這樣的學習有明確的針對性，學會了問題就能解決，學習有目標、有壓力、有成就感，是快速學習的最佳模式。

三、派任能力充分的人去做有把握的事，對組織而言是不具效益的事。因為能力充分的人薪水較高，就算完成有把握的事，成本也較高。所以用能力不足的人（薪水較低，成本也較低）去挑戰高難度的工作，只要能完成，就是有效益的事。

更何況挑戰高難度的事，對工作者而言，是重用，也是培養，所以組織永遠是用能力不足的人去完成任務。

能力不足是工作者的常態，能力不足挑戰高難度的任務，也是職場常態，不要害怕，放手去做，去學吧！

41. 知其不可而為之！

身為主管如果我們的團隊遭遇極大的困難，而有人給了我們一個不可思議的意見，這個意見需要我們完全放棄現有的架構，用險中求勝的方式奮力一搏，我們會怎麼做呢？

如果不動一定死，動了有一點點機會活，就應該放手一搏。

兩家新創公司，手中剩餘資金大約都只剩半年左右，如果營運狀況沒有好轉，除非有新投資進來，否則就面臨資金斷鏈、公司倒閉的危機。

我對這兩家公司，都給予同樣的建議，要經營者在半年之內，設法讓營收加倍，以期做到單月損益兩平，這樣才有機會吸引新的投資人增資，才有機會讓公司存活下來。

這兩家公司從此走上完全不同的命運。

其中一家公司，完全相信我的話，展開了瘋狂的搶錢行動，他們很認真的問我，他們有可能搶到什麼錢？由於這樣隨機的動腦對話，於是我也就天馬行空，就我的想像回答了，可是他們竟當一回事的仔細聽，也認真做，他們雖然知道，要在短時間內讓營收倍增，幾乎是件不可能的任務，但他們仍然努力去做，完全不願意放棄。不試，怎麼知道做不到？這是他們的信仰。

另一家公司，雖然也聽了我的話，但是他們比較聰明，他們知道這應是不可能的任務，因此處處自我設限，任何作為，他們總是先分析其可行性，再決定要不要去做，或者要花多少力量去做。經過這樣的過濾，他們能做的事就有限了，當然能達成的成果也就更少了。

經過半年之後，那一家努力瘋狂搶錢的公司，雖然沒有做到營收加倍的目標，可是也意外找到一些可能的生意，營收也增加了五〇％，單月平損仍然沒達成，可是每月虧損已大幅減少，這樣的成果也受到投資人的青睞，願意再給他們一次機會，增資順利完成。

而另一家比較聰明的公司，經過半年，營收仍維持原樣，沒有進展，可是資金也燒完了，最後就只好關門大吉。

這兩家公司的結局，讓我再一次見證：「知其不可而為之」的力量，許多事，表面上已不可為，也很難為，但是如果我們不相信、不信邪，仍然努力去做，仍然認為可為而為之，最後就有可能改變。

多年的職場經驗是：團隊中大多數是識時務的人，就是對工作難易度有精準判斷，遇到好做的事，會努力全力以赴，務必做好、做完；可是遇到難做的事，多數避之唯恐不及，若不得已一定要做，也都是表面應付一下，並不會認真去做。

可是偶爾也會遇到「知其不可而為之」的人，這種人通常忠厚老實，接受指令，願意誓死達成任務，個性堅忍不拔，這種人通常能完成組織交付的困難任務，也是組織中最值得培養的傑出人才。

我永遠在尋找「知其不可而為之」的人才，這句話最早是《論語》中形容孔夫子的話，而在現實生活中，這種人是帶有不信邪的堅持個性，一定要自己全力以赴去試試看，帶著一股傻勁，絕不妥協，這種人是成就非凡事業的必要條件。

第18章

維持vs.創新

當團隊營運穩定時，

要維持現況，還是要積極創新？

積極創新是主管唯一該做的事

有很長的時間，我們所經營的內容產業一直處在衰退中，讀者不斷減少，銷售不斷降低，營收也不斷探底，面對這種惡劣的環境，我身為大工頭，不斷要求我的各單位主管們要提出新的創新轉型計畫，不能停在原有的生意模式中，我三令五申的要求大家改變。

可是大多數的主管都文風不動，他們並不是不理我的指令，只是他們實在想不出好的創意，好的轉型方向，所以只好停在原地，維持著原有的經營模式。

其實對這些主管而言，原有的經營模式是在痛苦中煎熬，日子是很難過的，但找不到方向，就無從改變。

可是還有一種不願改變的原因，就是原有的生意模式還尚稱良好，生意也還繼續在做，也還能賺錢。這種狀況就是典型「舒適圈」的說法，有好日子過，就自然更不想動了。

所以簡單下結論，要主管主動改變、主動創新是極困難的一件事，因此要成為一個好主管，一定要培養積極創新的能力。

主管要培養主動積極創新的能力，要有兩個要件，一是態度，一是能力。

態度是主管的自我認知，主管要知道自己身上肩負的責任是團隊長期的績效，不只要為現在短期的成果負責，更要為未來長期的成長負責，所以一定要未雨綢繆，要為明日做準備，這是一個主管主動改變的態度。

知道要改變，不改變沒有未來，這是態度，可是有了態度，也要有改變的能力，知道要如何改變？怎麼改變？才能真正做到創新改變。

要具備改變的能力，第一步是徹底了解所有的新生事物。這些年，網路世界就是新生事物，所有的變革都是環繞網路世界而變動，所以主管如果想推動創新，那麼第一步就是要徹底理解網路世界，也要隨著網路世界與時俱進：雲端、手機、大數據、區塊鏈、AI這些網路世界的新興事物，主管也必須要及時掌握，並從其中找到可能的創新機會。

創新改變的第二步，就是成立測試的專業團隊，直接下去摸索、測試，例如想理解AI，就要成立AI的專業團隊，下去搜索、理解、研究，並從其中找尋可推動的具體項目。

成立測試團隊最重要的目的就是跳進實體的產業，實際去推動、測試，先不要有具體的方向，先做再說，摸著石頭過河，從嘗試錯誤中找到真正的創新方向。

總之，身為主管一定要為團隊的未來做準備，隨時都要尋找創新的方向，這樣才能確保團隊能維持成長，開創新局。

42. 從熟悉的領域中，找到存活空間

一個老化的團隊，營運急轉直下，歷經兩年虧損，未來要何去何從呢？

身為最高主管的我，要求他們忘記過去所有的成績及包袱，重新思考組織所擁有的專長，以及未來可能延伸經營的品項，然後下定決心去轉型。

我們的公司中有一個成立了近二十年的營運團隊，過去有輝煌的成果，每年都賺許多錢。可是近五年來每況愈下，生意模式逐漸老化，再加上所屬的產業出現極大的變革，營運急轉直下，已經連續兩年賠錢，整個團隊陷入愁雲慘霧，對未來無所適從。

我要求這位團隊主管，召開一次未來經營的策略會議，參加者包括所有核心團隊成員，務必要找到未來突圍的方向。

整個會議中，我發覺他們仍不能忘懷原有的生意模式，提出了許多進一步的改善計畫，嘗試要讓原有的生意起死回生。

當我發覺他們陷在原有的思維中無法突破時，我不得不出手，提出幾個明確的思

考方向：

一、要忘記原有的生意模式，擺脫既有的思考。

二、重新思考自己可擁有的專長，並從這個專長延伸可能可以做的事。

三、重新思考自己熟悉的產業，並仔細思考這個產業中有什麼未被滿足的需求或服務。

四、檢視自己的專長，能否轉化為這些未被滿足的服務。

五、羅列這些服務，評估成為團隊從事的生意的可能。

我提醒他們：他們一定擁有一些別人所沒有的核心能力。而且他們也一定立足於某一個產業，他們對這個產業必然十分熟悉，也有很深的理解，也必定擁有很好的人脈，應該不難從這個產業中找到存活的生意模式。

過去為什麼他們找不到新的生意模式？因為他們被過去的經驗所制約，心中想的是過去所做的事，過去所做的生意，因此不論怎麼想，都跳不出原有的桎梏，只會在原地打轉！

我要他們思考的第一步，就是歸零，忘記過去做的事，並下定決心不再做原有的生意。

但是可以從過去所做的事中，歸納出整個團隊的核心能力，重新檢視自己的核心專長，以及這些專長可以運用的地方。

接著我要求從他們所熟悉的產業中，去尋找可能的存活空間。任何一個產業一定存在著某些尚未被滿足的需求，或者是已有人嘗試提供服務，以滿足需求，但使用者仍然不滿意，仍然期待更精準的服務。

經過仔細檢視，有可能找出許多個尚未被滿足的需求，然後再一一檢視，是否自己的團隊能提供此項服務。

我要求他們照此思考模式，回去徹底檢討，並給了他們一個月的時間，一個月後再召開未來新生意的策略會議。

一個月之後，他們果真提出了三個可能的方向，我們也從其中做出優先選擇，選擇兩項進行嘗試。

我要求他們把原有已賠錢的生意，精簡人力五〇％，並空出人力的一半，以推動新的生意，這樣就可以不用增加新的支出，又可啟動新的生意；經過這樣的改造，他們重新找到新的動力。

43. 他們為何都不主動積極？

當我們帶領的團隊一潭死水，了無生氣時，我們如何帶領團隊進行改變？要團隊改變，一定要主管主動出招，帶頭啟動變革，要有各種儀式性的作為，讓整個團隊感受到改變，他們才會逐漸跟上腳步。

一個單位歷經長期虧損後，終於單年損益兩平，再經一年的勵精圖治，確立了可以穩定獲利的經營。我要求這單位主管要再進行一次大的組織改造，務期讓這個單位再一次跳躍升級，成為公司獲利賺錢的典範！

經過半年調整，這個單位始終沒有太大改變，就在我即將按捺不住時，這位主管來找我討論：「我不斷要求團隊成員要創新突破，可是他們卻依然故我，完全不主動積極，沒有任何作為！」

這位主管告訴我，他已經三令五申，要求大家要改變，可是大家都停在原地，你看我，我看你，沒人提出具體行動。

我問他：「當大家都沒有具體行動時，你要怎麼做？」他回答：「我不知道，我正在找答案。」

我告訴他，所有團隊都安於現狀，不太會主動積極、尋求改變。如果遇到一位部屬，願意積極創新求變，那是主管上輩子有燒香、祖上積德，這是可遇而不可求的事。

要讓團隊改變，一定要主管主動出招，迫使團隊不得不改變，而主管的作為又可分為以下幾個步驟：

一、充分溝通、道德說服。

在行動之前，一定要有完整的溝通、說理過程，必須讓團隊知道當前組織面臨的問題，以及我們必須採取的行動，如果不行動，組織將面臨怎樣的後果。

二、要有儀式性的宣誓行動，明確要求團隊在某月某日後，要進入改革行動的非常時期，要求大家要一起動起來。

這樣的儀式，通常是一次宣誓性的會議，在會議中必須提出明確的目標與作為，並要有明確的執行時間。

三、提出具體的改變方法，並賦予每個成員具體的工作責任，要求他們限期完成。

工作指令、工作責任要明確。例如：現在的工作是否有任何問題，需要盡快改進？對現有的工作，不可以再用過去的方法完成，一定要提出不同的工作方法。再或者：我們除了現有的生意以外，還可能增加什麼樣的生意？

在提出工作指令時，絕不可只提出不確定的廣泛命題。例如：大家要主動積極，提出意見、想法。這樣的要求無異是張空白支票，團隊成員通常不知該如何回答，也不會回答。所有的問題一定要具體，可以有明確答案。例如：可以增加什麼樣的新產品？客戶有什麼樣的抱怨，亟待我們解決？

主管要尋求改變，最重要的就是要不斷提出新問題，要整個團隊一起回答、一起找答案。問題要明確，才能獲得明確答案。而有了明確答案，最後才能找出具體的改變作為。

團隊永遠不會主動積極，要讓團隊主動積極，一定是主管要主動出招，迫使團隊回應，光動嘴一定不管用，還要有各種不同的刺激手段，才能使團隊動起來。

44. 在死水中丟下一顆石子

一個穩定賺錢的單位，當營業額已不太成長，顯然已進入成長的瓶頸，為了迫使他們持續創新，我要他們在未來一年提出一千萬元的新投資計畫。

這就是在死水中丟下一顆石頭，以激起一池水花。

一個連續三年穩定賺錢的單位，我要求主管今年必須做出一項創新計畫，且必須花費一千萬元進行投資。

這位主管左右為難，因為他並沒有新投資的具體想法，他問我，他好不容易把團隊營運上軌道，穩定賺錢，為什麼在他沒有心理準備下逼他採取新的投資呢？

我告訴他，公司一旦穩定賺錢，就會進入一成不變的舒適圈，整個公司就如一潭死水，沒有挑戰，我不想讓他的團隊變成一潭死水，所以逼他一定要提出新的計畫，而且動支的金額必須要有一定的規模。

這是我常做的事：在一潭死水中丟下一顆石頭，攪動一池春水，維持動能，以造成改變。

企業經營最具體的目的就是要賺錢。可是一旦穩定賺錢之後，企業很容易就喪失動能與活力，變成每天照表操課，自動運行的狀況，沒有目標，沒有挑戰，一直要等到市場改變，產品動能喪失，挑戰再出現，企業才會努力求變，但這種被迫的改變，很可能已喪失良機，企業可能很難突破困境。

所有企業想要長期保持穩定成長，唯一的方法是隨時保持活動，隨時努力創新求變，不要進入一潭死水的穩定狀況。

我是一個喜新厭舊的人，當我自己經營公司時，我經常啟動新投資，每隔幾年就會投資新單位、新產品，而一有新投資，全公司就進入全員戒備的緊張狀況，一方面要讓新投資盡快找到正確的生意模式，穩定賺錢，一方面原有的事業也要全力獲利極大化，以賺取更多的錢，以支援新的投資。

有了新投資，公司就不會一潭死水。

而如果沒有新投資，我也會要求團隊嘗試去做一些過去從來沒有做過的事，或採取大規模的行銷活動，或者目標大客戶，以獲取超級大訂單，有了這些大的作為，整個團隊也會上緊發條，全力以赴。

當我不實際帶領團隊時，每年我都仔細觀察旗下團隊，把他們分成三個族群：穩定賺錢、勉強存在、虧損調整，後兩個族群有明確目標，要不就是逆轉，要不就是賺更多錢，全員必定都很努力，不需要擔心。

需要我出題目給他們來解答的就是穩定賺錢的團隊，最簡單的題目就是把他們的獲利目標調到他們「有感」的金額，就是他們自己做預算時，想都不會想的金額；如果他們報出來的預算是加一〇%自然成長，那麼我可能提出三〇%起跳的目標，逼他們必須想盡辦法，全力以赴才有可能完成，這樣的目標，讓團隊不可能安於現狀，一潭死水。

當然也可能找一些他們完全沒做過的事給他們做，或逼他們提出創新的計畫，這些都是迫使團隊改變的方法。

經營企業，小心一潭死水的情境，要隨時丟石頭，以造成漣漪！

PART 3

用人篇

第19章

領導vs.管理

帶領團隊時，

要用領導還是用管理？

先學管理，再朝領導邁進

在我剛當上小主管時，我只知道我要帶領團隊完成組織交付的任務，每天都在分工設職、推動工作、檢查進度、改進錯誤的例行工作中打轉，心中想的是如何讓整個團隊正常工作，有效率的工作，不犯錯的工作，準時的完成工作。

這時候我做的是管理的工作。

管理工作是簡單的，主管下命令，部屬根據指令做事，不能質疑，也無法拒絕，期間雖然也可以溝通，但也多屬於主管單向對命令的說明，一旦主管下決心要做，部屬通常是不能更改的。

當我遂行管理工作時，部屬是被動的，部屬只是一個工作者，對工作沒有感覺，對任務沒有想法，只是做事。對任務也缺乏認同，對主管也缺乏認同。可是當我透過不斷的執行任務，有效的達成任務，部屬和我之間逐漸建立認同，也慢慢的達成共識，部屬與我不再只是單向的接受指令，開始對組織有感受，有共識，願意主動積極的去參與工作，完成任務。

這時候我與所帶領的團隊，逐漸進入領導的情境。領導有三項要素：（一）對主管的尊敬與信賴，也就是對主管的認同；（二）對工作自動自發的投入，也就是對工作的認同；（三）對組織的認同。有了這三項要素，團隊會全力以赴的投入工作，無怨無悔的努力完成組織交付的任務。

我逐漸發覺管理與領導是在光譜的兩端，一邊是管理，一邊是領導，主管的工作，一定先從管理出發，逐步邁向領導，好的主管帶領團隊時，會多用領導，少用管理；而剛入門的主管，則多用管理，少用領導。如下圖所示。

如果主管的品格高尚，價值觀正確，能力完備，就有機會成為好的領導者，從而建立團隊對主管的認同。

如果主管能有效的帶領團隊完成工作，也會逐步建立團隊對工作的認同，從而建立起團隊投入工作的意願，也建立完成工作的信心，促使團隊自動自發的投入工作，使

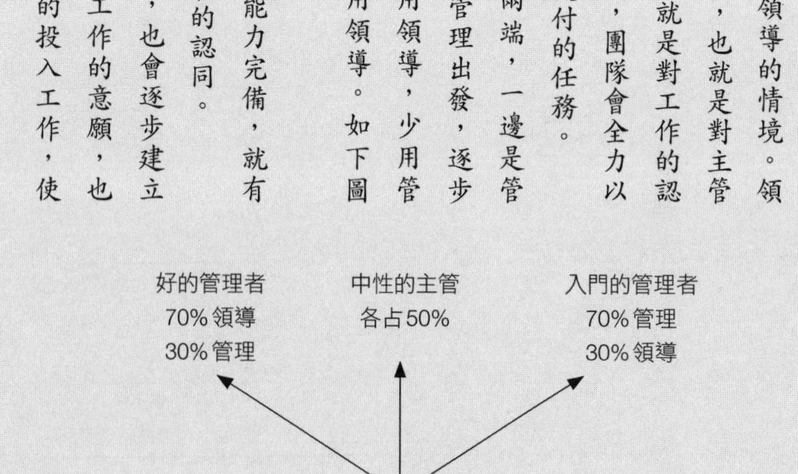

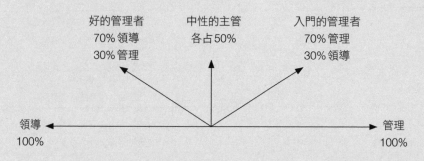

團隊的互動，逐漸進入領導的層次。

對主管有認同，心悅誠服的接受主管的領導，再加上工作的成就感，自動自發的投入工作，最後團隊會建立對組織的認同，以成為組織的一員為傲，願意傾全力為組織做事，促使組織的績效極大化，這就是領導的極致。

每一個主管都是在管理與領導的光譜之間遊走，從管理開始學習，逐步走向領導的過程，管理用手，領導用心，這是一個循序漸進的學習過程。

45. 領導是什麼？

聖經中的摩西是領導的代表性人物。而真正的領導者必須具備五種特質：令人尊敬的品格，有共識的價值觀，值得信賴的能力，無怨無悔的追隨，以及自動自發的投入。

每個人都希望成為成功的領導者，但什麼是領導呢？

領導是讓我們所帶領的一群人死心塌地追隨，不論遇到任何困難，都會想盡辦法，前仆後繼的完成任務，就算犧牲生命，也在所不惜。

這是帶領團隊的最高境界，大多數的領導者終其一生，都達不到這個境界。只有少數歷史上的偉人，能成為真正的領導者，聖經中的摩西是其代表性人物；一般人如能做到五〇％，就已經是極成功的領導者。

真正的領導者，必須具備以下五項特質：

一、令人尊敬的品格。
二、有共識的價值觀。
三、值得信賴的能力。
四、無怨無悔的追隨。
五、自動自發的投入。

真正的領導者必須具備高尚的品格，誠信正直是絕對必備的特質，有了誠信正直，才能讓人尊敬，也才能讓人信賴，有了尊敬與信賴，才能形成永遠的追隨。

真正的領導者與團隊的關係，一定是源於某一種情境，通常是要共同完成某一種任務，而完成任務一定要具備共同的價值觀，用同樣的態度工作，用同樣的原則做事，什麼事可做，什麼事不可做，大家都具有相同的認知，這就是價值觀。當領導者與團隊成員，具備共同的價值觀，領導者才會變成真正的領導者。

作為領導者要帶領團隊完成任務，過程中，一定要具備某些能力，而主管的能力必須充分而完整，要能讓團隊相信他有能力完成任務，而能力可以是專業技能，也可能是領導和管理的專業能力。

有了以上三種特質：品格、價值觀及能力，這樣的領導者就可以在團隊中形塑出特殊的組織文化，一種是無怨無悔，一種是自動自發。

對於好領導者，團隊成員會願意無怨無悔的追隨。不管遇到任何困難，只要主管下令，團隊成員都會全力以赴，義無反顧的投入，這就是無怨無悔的追隨。

而自動自發是團隊成員會主動積極去做對團隊有效益的事，完全不需要領導者下指令。自動自發是好領導者的最高境界，團隊能以最高的效率完成團隊的任務。

這五種特質中，最容易完成的是能力，每個領導者或多或少一定具備相當的能力，而且就算能力有所不足，只要有心，也很快能學會補足，或者由團隊成員中協助補強。

價值觀則是透過溝通及討論完成，通常是由領導者提出，再與所有團隊成員商議，最後達成共識，形成整個團隊必須共同信守的價值觀。

最難的是領導者的品格，品格是領導者自行修煉完成，要終身信守不渝，稍一不慎，就有可能背離。

成為好的領導者，是一條永無休止的修煉之路。

46. 管理與領導

管理與領導是一體的兩面，管理用的是權力，只要有權就可以發號施令，要團隊做事。領導用的是尊敬，領導者的人格被認同、被尊敬，才能吸引團隊向中看齊，自動自發做事。

主管帶領團隊，遂行任務，有兩種方式，一種是管理，一種是領導，兩者雖都能達成目的，但過程、方法不同，關鍵時候，產生的效果也不同。

主管通常是從管理開始，只要有了頭銜、有了職位、有了權力，就可以下達指令，指揮團隊做事，團隊不能拒絕，只能照章辦事。這時候主管用的是管理，管理是組織中最常見的互動，大多數主管都是管理者，管理能夠有效的完成組織賦予的任務。

工作者面對管理，依據的是權力，依權力的指令做事，任何人只要做了主管，都會變成管理者，跟主管是誰沒有太大關聯，大家認的是職位，是頭銜。

而領導則不同，領導是因個人的行事作為被認同，個人的理念、信仰被肯定，個人的能力被尊敬，個人的魅力被欣賞，因為這些，這個主管被團隊打從心底接受，願衷心誠意追隨。

面對領導者，團隊不只是表面服從，更是發自內心；不只是順服於職位、頭銜，更是追隨於個人；不只是外在行為的配合，更願意把自己的一切，交付給領導者，隨領導者支配。

從管理到領導，通常是一個觀察與適應的過程，團隊都是從接受管理開始，反正擁有頭銜就是官，內心不服也得服，做一天和尚撞一天鐘，該做的事不能不做，團隊是被動配合管理，完成團隊的任務。

可是如果管理者真正以團隊為念，不只是把團隊視為執行業務的工具，關心團隊的學習、成長、生活，關心團隊的未來，把團隊視為家庭的一分子，管理者就會獲得團隊更大的認同。

如果管理者再具有更大的視野，更大的氣派，能給予團隊更大的願景，更大的空間，創造更大的績效及更大的福利，當然就會獲得團隊死心塌地追隨，一旦到這個地步，那麼管理者就會變身為領導者。

領導者通常會散發出異於常人的魅力，或者因能力出眾，或者因道德高尚，或者因胸襟遠大，或者因人際關係圓融。領導者通常會把團隊變成水乳交融的一體，精準、效率，無堅不摧。

表面管理是基本的，領導是高尚的，但對所有的主管而言，千萬不可看不起管理的功能，而一味追逐領導的境界，其實管理是人人可達成的情境，但領導只有少數人做得到。因此主管應該先嘗試成為一個好的管理者，再一步步透過內外的身心修煉，逐步朝領導者邁進。

好的管理者，能夠完成具體的目標，要完成目標，就要能有效的溝通，有效的動員，使用正確的方法，然後達成一定程度的績效。能做到這樣，就已經是稱職的主管。

而領導是在管理的基礎上，用心溝通，用愛關懷，用願景聚焦，用身體力行獲得認同，這通常是管理者更高尚的目標，也是成為好的管理者的下一步。

第20章

性善vs.性惡

如何看待團隊成員的本性？

是性善還是性惡？

相信或不相信，性惡或性善

從小到大，我都期待別人百分之百相信我，我也努力做到讓別人能相信。在學校，老師交代任何事，我都努力完成，絕不會做不到；在工作上，公司交代任何事，我也會努力完成，如果偶爾有事沒完成，我會羞愧難當，也會想盡方法去補救，希望能夠彌補。我的目標很簡單，就是要讓別人能相信我。

相信別人與相信自己，這背後的邏輯很單純，就是相信人性本善，每一個人都是好人，都不會做傷害自己，傷害別人，傷害團體的事。每一個人都會全力以赴做事，完成任務，不會心思複雜，懷有私心。

這個簡單的信念，形成我待人處世的中心思想。因此當我升上主管，我也相信我的團隊人性本善，他們都是百分之百可以相信的人。我盡可能給他們自由，能用自己喜歡的方法做事，也做他們想做的事；我盡可能給空間，讓他們能充分發揮能力；當他們犯錯，我不太會罵人，期待他們一定羞愧萬分，正努力補救中；對他們說的話、所做的承諾，我百分之百相信，沒有任何保留。

所以我剛創立公司時，公司不打卡，上下班自由，我認為他們只要能完成工作，又何須主管來管理？當時的公司幾乎是無政府狀態。

可是長期的虧損，代表公司效率不彰，組織經營上必然出了什麼問題，我不得不開始檢討發生了什麼事？

首先我確定，公司的無政府狀態一定是錯的。當一群人在一起，一定要有一些互動的規則。我也確定：人性雖善，但人一定會犯錯，犯錯是人天生的本質，為了管理犯錯，也須設一些規則，以事前預防，及事後補救。

我的主管生涯從此出現結構性的轉變！

我雖相信人性本善，可是我不再百分之百相信別人講的話，我不是不相信，而是檢視對方可以做得到嗎？也檢視對方是否可能犯錯。如果有疑慮，就要預設檢查點，以及採取必要的預防措施。

同時我也仍相信人性本善，可是我也確定人的能力有別，能力好的會找到最佳的工作方法（best practice），那麼我為什麼不把最好的工作方法，推廣成每一個人的標準方法呢？

我開始在組織內推廣標準工作流程（SOP），不再放任每個人各自發揮，我在公司中制定了各種工作制度。

我也發覺好逸惡勞是人的本性，好日子過久了，人就會疏懶鬆散，這也需要用制度校準。舉例而言，我們上班不打卡，早上幾點鐘上班都可以，但每週一早會，我要求早上九點準時召開，目的就是提醒大家，早上九點是應該準時上班的，這就是形式校準可能的懶散化。

人性不是性惡，只是有些麻煩的天性，像會犯錯、愛輕鬆，這些都要用制度來避免，需要用系統、制度、形式來管理。好的主管是會訂定各種規則來管理團隊的。

47. 全不信、不全信、信不全

對部屬的基本態度是信任。可是如果聽到任何有關部屬不利的流言時，我們的態度又如何呢？

基於信任，我們第一個反應是不相信。可是第二個反應是查證，選擇性的相信或不信。最後一個反應，則是仔細觀察，以觀後效。

我聽到一則傳言，說我一個重要的部屬和他的下屬有不正常的男女關係。我用我的常理判斷，再加上我私下的觀察，我覺得這是有可能的，這時我該怎麼處理呢？

我直接找來這位部屬，告訴他我聽到的傳言，然後強調我基本上是不相信有這種事，因為我覺得以我對他的信任，他應該不至於做出這種讓我失望的事！

不過，我話鋒一轉又告訴他，如果真有此事，我現在給他一次機會坦白承認，立即終止不正常關係，並且讓那個下屬離職，從此不再犯。如果他選擇說謊，未來查證屬實，公司就會嚴厲處置。

對於部屬可能傳出的各種流言，我的基本態度就是「全不信、不全信、信不全」。「全不信」指的是，傳言是尚未查證屬實的事，我怎麼可以相信呢？因此，在聽到流言的當下，我的態度一定是不相信，我怎麼可以聽到一句話，就懷疑自己的部屬？我一向是「用人不疑，疑人不用」，只要是我用的人，我一定是百分之百全然信賴。

可是，既然有傳言，而且我已經聽到，也不可以完全不當一回事，我還是要仔細了解處理。這時候，我就進入了「不全信」的階段。

「不全信」指的是，仔細分辨整個事情經過，保留那些有可能的部分，拒絕那些不可能的部分，以選擇性的方式相信部分事實。

在不全信的求證階段裡，要做一件重要的事，就是要對這個當事人再做一次全面檢視。檢視的重點在於他是一個什麼樣的人？可以完全信賴嗎？還是只能五〇％信賴？是一個絕對不會做惡事的人？還是一個可能會被吸引而做出壞事的人？這樣的全面檢視，會決定我對他的信賴態度。

既然是不全信，就是有可能，而只要有可能，就要進入處理的準備作業。我找來部屬，給他一次坦白從寬的機會，就是我已經決定，就算傳言屬實，只要他願意幡然悔悟，懸崖勒馬，公司可以不追究，這就是在不全信之下已預做處理。

至於「信不全」，指的是對一個人整體信任，基本上是相信，可是也要保留觀察，對任何的新事證都小心檢視，看看這個人是否值得繼續信賴。例如：我問了部屬有無不倫戀，他的回答若是否定，我就會「信不全」，相信但仔細觀察求證，看看是否真實。

我常常說：「我信賴一個人，百分之百信賴他，直到他做出不讓我信賴的事為止。」我對人的態度已非簡單的信任或不信任，人會改變，也會因為各種情境做出令人意外的事，因此最好的態度是先信賴，然後仔細觀察，這才是安全的方法。

48. 因為信任，所以簡單

公司中約有三十個直接向我報告的主管，這些人都是我百分之百可以相信的人。他們簽過字的公文，我幾乎完全不看，也閉著眼睛簽字，因為我事前都已和他們有了清楚的遊戲規則。

我直接管理的單位有十幾個，間接管理的單位有數十個，這些單位許多的營運，都是奉我之名，因此有許多公文，都要過我手親簽。

有時候一天有厚厚的一疊公文必須親簽，可是不論有多少公文，我都能在幾分鐘之內簽完，速度之快，有時候連我自己都感到驚訝！

為什麼能這麼快呢？原因很簡單，我只要看到我的次一層主管簽字，我就閉著眼睛簽名，因為我對這些主管完全信賴，他們所做的事，必定對公司有利，他們簽過的公文，我可以完全不用看、不用問，我對他們：因為信任，所以簡單。

我對他們為何能完全信任呢？因為他們大多數人是我一手調教出來的，跟我工作的時間少則三、五年，多則七、八年，甚至十幾年。因為時間長，我對他們的性格充分理解，有人保守，有人進取，但在工作上，我們都已經取得徹底的共識，什麼是可做的事，什麼是不可做的事，我們都十分明白。

也因為時間長，我對他們的能力也有了充分的理解，只要是他們能力以內的事，我根本就不會過問，讓他們獨立運作，完全放手。

完全信任還有一個很重要的原因是：當他們剛升主管，成為直接向我報告的領導者時，我通常會與他們約法三章：

一、我對他們完全信賴，所有公文，只要他們簽字，我就會閉著眼簽字，我只是橡皮圖章，請他們要小心謹慎的替我把關。

二、對他們絕對有把握的事，他們可以放心簽字，放手去做，但他們如果有一絲絲顧慮，就不要簽名。

三、對這些有疑慮的事，請他們帶著想法來和我討論、商量之後，再做決定。

這個約法三章，是我們的共識，也是我們完全信賴的基礎。

我們的公司，就是這樣一個完全信賴組織，我們對任何人都完全信賴，因此我們的公司十分簡單，決策快速，一切暢行無阻。

我們的信賴，不只是對主管，也對底層的工作者，我們會要求所有工作者，要以公司的利益為最大考量，只要認為對公司有利的事，就可以放手去做。公司對他們完全信賴，而且公司對他們所做的決定，也完全承受其後果，就算有錯，公司也接受，並不會秋後算帳，我們要的是，有擔當、敢做事、能負責、可信賴的工作者。

因為信賴，我們公司所有的人都是執行者，也是最後的把關者，要完成工作，也要確保工作完美。當工作有失誤時，我們通常是要求實際執行的人，要有效徹底改善。我們絕對不會因為失誤，在其後再設一個檢查、把關的人，這樣只會讓組織複雜化，疊床架屋出現重複與不效率的狀況。

在公司中，用人不疑，疑人不用，對所有的人，完全信賴，所以組織簡單，效率卓越。

第21章

肥料vs.農藥

激勵團隊士氣時，

要用農藥還是肥料？

多用肥料，少用農藥——團隊激勵的祕密

一個主管如果想提升團隊的工作意願，擴大團隊的工作績效，有哪些工具可以運用？

這是個有趣的問題，要回答這個問題，要先檢視總共有多少可用的工具？激勵的工具包括有形而具體的工具，例如：薪水、獎金、職位、舞台等。也包括無形的工具：認同、誇讚、肯定、鼓勵等。

我聽過一個極有創意的說法：所有的激勵工具可以分成兩類，一種是農藥，一種是肥料。如果想要讓果樹的水果長得又多、又大、又好、又甜，用農藥可以避免果樹遭受蟲害，才能使果樹長得健康，水果才會長得好，所以農藥是激勵工具之一。如果要使果樹的水果長得又多、又好、又甜，也必須使用肥料，肥料可使果樹養分充足，使水果長得又多、又好，所以肥料也是可用的工具。

問題是如果要讓工作者把工作做好，哪些激勵工具是肥料？哪些工具是農藥？

這要從功能面去分辨農藥與肥料的差別，農藥是被動的避免果樹受到外來的傷

害，並不能積極的促使水果長大又長好，而且農藥不可使用過多，只能適量。而肥料則是真正能促使水果長大又長好，因此應該多多使用。

正確的答案是：所有無形的激勵工具，如認同、誇讚、肯定、鼓勵等，都是肥料，這些工具只要使用，就能促使工作者提升工作意願，而沒有副作用，應可以多多使用，而且這種工具，並不會動用到組織的有形資源，不會有增加組織成本負擔的問題。

而大部分有形的工具：如薪水、獎金、舞台、職位等，都是農藥，這些工具雖然也有刺激工作意願的效果，但都是短期的激勵，時效一過，激勵就降低，而且這些工具，都會增加組織的成本負擔，不能頻繁使用，頻繁使用，效用必然遞減。

以薪水為例，有一年加薪五千，效果不錯，可是只有三個月有效，過了三個月，工作者的工作意願又回歸正常。而明年如果加薪少於五千，工作者就相對無感，激勵效果不再。

同樣的，升職、擴大工作舞台，也一樣無法常使用，都屬於農藥性質。

而常態性的獎金也是如此，其性質接近薪水，也是農藥，不可常用。

唯一稍微不同的是：非常態的獎金，偶發的獎金，因為不是工作者可預期的收入，一旦領到，可以發揮較明確的激勵效果，而且多發對組織的成本增加也有限，所以非常態性、偶發的獎金，可視為肥料。

大多數的主管只會用有形的工具來做激勵，而忽視了無形的工具，殊不知薪水增加只能避免工作者怠工，且只有短期的激勵效果。主管一定要能充分辨識農藥與肥料的差別，知道有效運用肥料，才是一個好主管。

49. 薪水的祕密

對主管而言：薪水是個麻煩的東西，薪水是條不歸路，只能越調越高，調越高，公司負擔越重，要賺更多錢才能負擔，所以一旦調薪水，主管心裡就要準備永遠負責到底。

所以成熟的主管，對調薪是審慎的，一定要推敲再三。對加人也更是小心，不到萬不得已，也絕不加人，好主管會精打細算。

我們公司是絕對的利潤中心制，一個BU（business unit）的負責人要為營運的結果負完全責任，所以每個BU主管對所有成本、費用都斤斤計較，因為所省下來的每一塊錢，都會轉換成BU利潤，而所有利潤也都會變成獎金的一部分，BU賺錢，整個團隊的獎金都提升，絕對不浪費一分錢。

這其中當然包括所有同事的薪水，有一次我對其中一個績效良好的BU主管說：「你的團隊營運良好，應可考慮多加一、兩個人，把生意再擴大。」沒想到被嚴詞拒絕，他的道理很簡單：多人，薪水就提高，生意還不確定會擴大，要先多花錢不划算，他對加人抵死不從。

有一次我心血來潮，找了人資來看全公司的加薪狀況，赫然發現，有些單位部分員工竟好多年都沒調薪，我懷疑是否主管為了省錢，剋扣了團隊調薪。

我找了主管來問，為什麼這麼多年不給同事調薪？他們理直氣壯的回答，他們的績效沒有進步，為什麼要調薪？

這些主管還告訴我，薪水是個麻煩的東西，只要加了人，一定要給薪水，一旦給了薪水，就必須永遠給下去，就算發覺這個人不稱職，也解僱不了，只能用資遣來處理；而一旦資遣，公司又要花費額外的開支，這絕對不划算，所以他們寧可少用一點人。

他們還說，薪水加了，就永遠調不回來，公司制度上，雖然可以減薪，但實務上，沒有人在減薪，減薪會引起極大麻煩，人心惶惶，流言四起，所以在加薪前都要十分慎重，一定要絕對有把握才會加薪。

至於為什麼有些人經過了許多年都沒有加薪，他們說，並非剋扣薪水，只是還沒到加薪的週期，只要時間到了，他們一定會酌量調整薪資，而且雖然薪水沒有調整，但平日只要他們有好表現，也會酌發獎金，他們只是小心謹慎的調薪，絕對沒有剋扣團隊薪資。

他們還算了一套帳給我聽：一旦加了薪，就是公司永遠的負擔，不論公司營運好壞，薪水都一定要給，他們絕對不會因為公司一年的營運順利，賺了比較多的錢，就給同事調薪，因為未必每年都會有好的營運，一旦營運不佳，薪水卻調不回來，那麼公司的負擔就會增加，基於這些理由，薪水一定要小心謹慎加，絕對不可以因為很多年沒調薪，就心慈手軟，給同事同情式的調薪。

最後他們告訴我，調薪的最基本原則，一定是基於貢獻的增加，工作績效的提升，且歷經一段時間觀察，明確知道績效有穩定提升，並確定未來不會有所變動，才會決定調薪。

而且調薪也絕非基於比較，甲調了薪水和乙絕對不相干，如果有人因同事調薪，要求也比照，他們絕對會斷然拒絕。

我的BU主管給我上了一堂薪水課，他們道盡了薪水的祕密！

50. 短暫的激勵，永遠的付出

加薪會達成短暫士氣激勵的功能，但絕不長久，所以不可能用加薪來提升士氣，當作激勵工具。

薪水是什麼？薪水是工作能力、工作意願，再加上穩定工作成果的對價關係，一定要確保這三者都有明確的提升，才可以用加薪來回應工作者的成果。

一個主管向我抱怨，公司對加薪嚴格管理，導致他的團隊士氣低落，以至於交不出好成績。他希望可以放寬加薪的標準，以提振士氣。

我問他：「你確定是因為加薪的問題，導致你績效不佳嗎？」

我再問：「公司只不過規定加薪前，要進行績效評估，並沒有規定不可加薪啊！」

他回答：「每次我給同事加薪後，他們那幾個月都會十分努力工作，大約過半年，就回到正常，所以我每年都想給他們加薪，這樣才能激勵他們努力工作。」

我終於明白他的問題，他老是想用加薪來激勵同事，可是總是只有短暫的激勵效果，所以他只能期待放寬加薪的頻率。

這是許多新手主管常犯的毛病，誤把薪水當作激勵工具，期待用加薪來提高士氣，最後卻事與願違。

是的！加薪會提升士氣、產生激勵效果、提升工作績效。可是這種效果往往只存在於加薪後的幾個月，但絕對不超過半年，激勵效果就會消磨殆盡。工作者在加薪後幾個月，就會習慣於加薪後的薪水，也會認為自己的工作，就是值這麼多錢，也該領這麼多錢，當這種想法出現時，努力工作的情緒就會逐漸消失，回歸正常工作。

所以薪水不是激勵工作士氣的工具，如果想用薪水激勵士氣，就會造成「短暫的激勵」，卻造成薪資不斷增加的反效果。

那麼薪水到底是什麼呢？薪水是工作能力與穩定工作成果的對價關係。什麼樣的工作能力，又能穩定產出什麼樣的工作成果，薪水就是衡量工作能力與成果後，所給付的對價。

注意：成果是正常表現的穩定成果，不受工作意願高低起伏的影響，因為是穩定的成果，所以給出定額的薪水，這不考慮因被激勵所提升的工作意願，也不考慮因特殊原因被打擊而低落的工作意願，所表現出來的工作落差。

因為薪水調高時，會出現短暫的激勵效果，所以有些主管會誤以為加薪是激勵工具。這是絕對的錯誤，因為如果用加薪來激勵工作士氣，會變成為了短暫的激勵效果，而付出了永遠不斷提高薪水的代價。

所以薪水絕不可能作為激勵的工具！那麼與薪水一樣的物質獎勵——獎金可以是激勵工具嗎？

答案和薪水一樣，薪水之所以不是激勵工具，主因是月月要付出，所以只要是月月要付出的獎勵獎金，也就不是獎勵工具。像固定的不休假獎金、每月核算的業績獎金、每月都頒發的工作獎金，因為工作者對此已有正常的期待，因而不會產生激勵效果。

可是偶發性的獎金，針對某種傑出工作表現的獎金，這就會有激勵效果。主因是工作者並無期待，可是卻得到獎勵，那麼工作者就知道只要做類似的事，就會獎勵，就會盡量去做，而產生激勵效果。因此偶發的獎金可以多給，以激勵士氣。

第22章

畏懼 vs. 尊敬

與團隊互動時，

要讓他們畏懼還是讓他們尊敬？

我曾經是個無能的爛好人主管

我創業的初期，曾經是個無能且無為的爛好人主管，我非常好溝通，我的指令，人人都可以商量，大家都知道我是好人，不會生氣，也不會罵人，沒有人怕我，似乎所有的人也都欺負我。

那時候我的公司年年虧損，績效不彰，原因很簡單，我不會帶團隊，我不會當主管，我沒辦法讓團隊朝一致的目標邁進，大家各行其是，力量互相抵消。

我為什麼不會當主管，原因是我想當好人。因為我當部屬時，我的主管很嚴厲，很不講理，很會罵人。我對這個主管非常不認同，我認為你官大一級有什麼了不起，大家不也都是同事嗎？有話不能好好說嗎？為何一定要大小聲？為何要蠻不講理？

我心想，哪一天我當主管時，一定不要做這樣的主管，我一定要講理，一定要好好溝通，一定不要罵人，我要做一個「好」主管，所以我真的變成一個「好人」主管。

好人主管的代價就是不斷賠錢，這也逼得我不得不仔細檢討。我發覺我的好，看起來是無能且無為，沒有人因為我「好」而尊敬我，甚至沒有人認同我，大家都抱怨公司賠錢，因為我無能。

我首先改的是要貫徹我的指令，我開始要求我的命令要說到做到，當同事做不到時，我不再忍耐，我逐漸學會責備，也逐漸學會罵人。

我不再是好說話的人，當我想做什麼事，我言出必行，不再給同事商量的餘地。當同事做錯事，當同事達不成任務時，我會生氣，我也學會大聲斥責同事，我從一個「好人」主管，變成一個「壞人」主管。

這前後經歷了三年時間，我成為一個令人畏懼的嚴厲主管。

奇怪的是，當我變成嚴厲的主管之後，公司的績效提升了，虧損逐漸縮小，公司的氣氛也逐漸變好，大家不再愁雲慘霧。

我雖然變成嚴厲的人，可是我骨子裡還是一個講理、可溝通的人，只要同事有道理，我也會傾聽，也可以接受，我並不是一個暴君。在好人與壞人之間，我逐漸找到當主管的平衡點。

我很清楚，當主管要執行組織賦予的任務，一定要令出必行，說到做到，在做事時必須雷厲風行，絕不打折扣，要變成一個嚴厲的人，不惜讓同事畏懼。當同事畏懼時，會減少很多溝通成本，推動工作才會有效率。

可是在令同事畏懼之餘，也要有一顆柔軟心，要留下講理及溝通的空間，當同事犯錯時，也才能適度諒解，讓同事在畏懼之餘，也有親近及尊敬的空間。

51. 接受、認同、尊敬、愛慕

團隊對剛上任的主管，一開始一定是被動的接受，因為對主管不了解，只能觀察與接受。之後，如果主管做了一些事，獲得團隊的認同，這就進入主管的第二階段。

接著如果主管在人格與品德上，表現出異於常人的特質：誠信、正直、堅持，就會得到團隊的尊敬，進而得到愛慕。

一個剛上任的主管，所有的團隊成員對你都還沒有認識之前，大家都在觀察主管的作為，你是個什麼樣的主管？你的能力如何？他們要如何和你相處？這個時候，你是一張白紙，但是因為你已受到組織的任命，取得組織賦予的名器，所有的團隊成員對你理論上擁有最基本的態度，那就是接受，他們要接受你成為他們的老闆，要聽命你的指揮。

這是當主管的第一步：接受。

接下來，你就要承擔組織賦予的任務，要執行主管的工作，如果你對所有的工作，都擁有專業，能有效的執行任務，甚至你的能力，超越團隊成員的程度，能有效的指導他們工作，這個時候，主管就會逐漸獲得團隊成員的認同，他們會信賴你發出的所有指令，跟隨你的腳步前進。

這就是主管的第二步：認同。

大多數的主管，都能做到這兩個層次：接受與認同，而有了這兩種心態，主管也就可以遂行組織所給予的任務，有效的推動工作，讓部門正常運作。

可是一個好主管，絕對不只停在此處，還會往更高層次的互動邁進。

如果主管不只是完成工作，還具備一些異於常人的人格特質，並把這些特質運用在所有的工作上，就會進入主管的第三個層次：尊敬。

要具備哪些人格特質，才能贏得尊敬呢？

一、誠信：待人誠懇，信守承諾，為所當為，表裡如一。

每個人都有終身信守不渝的價值觀，例如絕不說謊，只說真話，不說假話；又如不做對不起別人的事，別人如何待我，我也將如何待人，一定以同理心對待，這樣的人會讓人信賴，願意真心誠意的和你共事。

二、正直：一向開大門，走大路，只做對的事，不論遇到如何艱難的處境，一定本諸是非、黑白做事，不隨性苟且。

三、堅持：做事一定堅守原則，一旦相信的事，一定堅持到底，絕不放棄。因為不放棄，再大的困難，也能夠逐步化解，突破障礙，完成任務，終能成就不凡的功業。

誠信與正直是待人的基本原則，有了這兩種特質，會得到團隊成員的信賴與追隨。至於堅持是做事的態度，堅持才能成就事業，主管能成就事業，就會得到尊敬。

主管的最高層次是得到團隊的愛慕，要得到團隊最高層級的愛慕，是要得到團隊百分之百的認同，認同主管就像認同自己的父母、子女，願意無怨無悔的為主管做所有的事，甚至要把主管視為自己的另一半，視為自己，像愛自己一樣愛主管。

同樣的，主管也要像自己一樣來愛惜團隊，平常在工作時，愛護團隊，食則同桌，寢則同眠，關鍵時候，寧可犧牲自己，也要保全團隊，才會贏得團隊的愛慕。

這是好主管的四個層次。

52. 主管必須要有雷霆手段

主管絕對不可以只是好好先生，因為好好先生叫不動團隊，會形成一盤散沙，什麼事也做不成。

好主管一定要有雷霆手段，要嚴厲的執行工作，要說一不二，紀律嚴明，訓練嚴格，犯錯嚴懲，做起事來，雷厲風行，說到做到，使命必達。

我剛當上主管時，期待自己是人人稱道的好主管。好主管指的是不生氣、不罵人、不過分嚴厲、不蠻橫、不過分要求、不逼迫部屬做不喜歡的事，那時我人緣還不錯，部屬都和我有說有笑，我蠻自我安慰的活在「好」主管的光環中。

可是日子久了，所有問題都逐漸顯現。

先是我的老闆交代較艱難的任務，當我要把這些有難度、有挑戰的工作向下分派時，所有人都不願承接，他們有的找理由逃避，有的乾脆說自己不會做、做不來。我要他們勉為其難，共體時艱，他們完全不理我，仍想盡辦法拒絕，最後不得已，只好自己努力把工作接下來，而部屬們則在一旁納涼。

其次是我交代的工作，經常拖延，無法按原訂時間準時完成。當我和他們檢討時，每個人都有各式各樣的理由，以至於無法完成工作，大家都兩手一攤，一副其奈我何的樣子。

再來是當部屬犯錯時，他們表面雖會表示歉意，但是實際上卻不把犯錯當一回事，就好像犯錯不是什麼大不了的事。

我這個「好」老闆當久了，結論就是工作不力、績效不彰、政令不行、紀律廢弛。我開始檢討自己做錯了什麼事？

首先我發覺我叫不動團隊，我下的指令，所有的人都可以打折扣、討價還價，以至於要推動任何工作，都十分困難。

其次我也發覺沒有人怕我，沒有人當我是他們的長官，說好聽是我平易近人、和藹可親，可是當大家都不聽我的話時，這就是嚴重的事。

一個前輩聽到我的遭遇，哈哈大笑：「這就是好老闆上天堂，你把團隊都寵壞了！」

他告訴我，你可以選擇當好老闆，但一定是要有「雷霆手段」的好老闆。

他說的雷霆手段是：說一不二、紀律嚴明、訓練嚴格、目標高遠、犯錯嚴懲、殺雞儆猴。

主管面對工作務必說到做到，說一不二，部屬沒有討價還價的餘地，事前的溝通可以商量，可是一旦定案，主管說出口就是命令，只能接受，不能商量。

主管必須明訂什麼事可做，什麼事不可做，嚴守紀律，只要有任何人違反紀律，就必定要嚴懲，絕無通融之餘地。

我後來在公司中訂了準時的紀律，有一次開會，我的副手因事遲到，我完全不分青紅皂白，要求他站著開會半小時，從此我會罰站部屬的聲名遠播，所有人和我開會都想盡辦法準時，絕不敢遲到。這也是雷霆手段。

主管要訂定高遠的目標，而且要求所有部屬使命必達，在平常的訓練時，也要用最嚴格的標準，這也是雷霆手段。

雷霆手段並不一定需要口氣行為上疾言厲色，而是強調紀律嚴明，犯錯嚴懲，設定高遠目標，使命必達。缺乏雷霆手段的好主管，就像離水的魚，失翅的鳥，什麼事也無法完成。

第23章

懷疑 vs. 信任

對部屬的言行，

要信任還是懷疑？

用人要信任，能力要檢查，錯誤要預防

主管最重要的工作是用人，而用人要「用人不疑，疑人不用」，這又是大家都知道的道理，所以主管用人，真的都不能有所懷疑嗎？

這答案當然是錯的，我們用人要信任，這是對的，可是這不代表主管不能懷疑，也不代表不能預為防範，預做準備，去做一些必要的管理措施。

主管對工作，通常會預設各種檢查措施，每週、每月、每季追蹤，也可以按工作進度要求部屬提出報告，這是對工作的控管與協調，也是確保工作完成的必要措施，這不代表對工作者的不信任。

主管對團隊，往往也會設立各種LOA（level of authority）（核決權限），規定各級主管核准權力的大小，而其標準通常以動用金額的額度：五萬、十萬、二十萬、五十萬、一百萬……或許有人要問，如果主管都相信部屬，為什麼還要設立各種核決權限呢？

其實核決權限的設立，也和信任無關，面對一群可信賴的團隊，還是需要核決權限的規範！核決權限代表每一個人工作能力的格局，能力大的核決權限大，能力小的核決權限小，這代表了組織賦予每一個人的責任不同，但不代表組織不相信團隊。

工作檢查代表了對基本人性的管理：每個人都會犯錯，這是人的本質，因此在工作上就必須要有預防犯錯的設計，設立工作檢查，或要求部屬提出工作報告，這都是透過事前的檢查，以減少犯錯，或預防犯錯。

所以主管在用人之前，一定要歷經懷疑與檢查的過程，要確認部屬是不是可用的人。

招募用人時要檢查，檢查工作能力、工作態度、價值觀，確認能力與態度均佳的人，才能正式任用。可是在正式任用時，主管仍不可以百分之百信任，還需要在工作、共識的過程中，不斷進行檢視，去確認部屬是否真正值得信賴。

而就算部屬是值得信賴的人，主管仍然要根據他的工作能力，給予不同的授權範圍，給他適當的核決權限。

同樣的，主管也要理解人會因疏忽而犯錯的天性，所以也要設立各種檢查規範，有效的管控整個工作過程，以確保工作能精準完成。檢查也是必要的措施。

用人要信任雖是基本前提，但是懷疑、確認、檢查、預防，也是用人必須的方法。

53. 用人一定要疑！

要相信一個人之前，一定要經過極為仔細的懷疑、觀察、確認，直到確認他是一個值得信賴的人為止。

這樣的過程少則一年，多則兩、三年，尤其要任用重要的高階主管，花幾年的時間來觀察、確認尤其必要。

我要相信、重用一個人之前，一定要經過起碼三年的懷疑觀察期。

在觀察期間，我會仔細檢視他所有工作細節，包括他的工作能力如何？工作習慣如何？生活習慣如何？價值觀如何？他是不是一個可信賴的人？

觀察的目的，源於我對他的不了解，因為不了解，所以要仔細觀察，一切以眼見為信，直到知道他的心性、品性、個性及能力為止，然後我可以決定要如何對待他，要給予多少信賴。

所以用人一定要疑，用疑來對應不了解。

這時候的疑，並不是真的懷疑，也不是不信任，只是努力觀察的代名詞。

觀察的第一步是能力。賦予他一個任務，要他去完成一件工作，然後看他是否能在期限內完成，再看看他完成的品質如何？這樣八九不離十就可以測出他的工作能力如何。

觀察的第二步是他的個性。看他在完成工作的過程中，是一個人完成，還是和其他團隊成員一起完成，看他能不能與別人一起協調合作，這可以看出他的性格傾向。

觀察的第三步是他的心性。心性是他的價值觀，價值觀有許多面向，是相信努力，還是相信運氣？是相信善有善報、惡有惡報，還是沒有天理報應？價值觀會影響他的工作態度，也會決定他的工作成果。

觀察的第四步是品性。品性是人與人相處的最基本道理，他是不是一個可以被信賴的人？在關鍵時刻，他會不會背棄對別人的承諾？如果一個人品性高尚，他就可以被信賴。

經過這樣仔細的觀察，大約需要三年，才能真正完成能否信賴的檢查。而就算發覺他是一個值得信賴的人，我們也不能百分之百信賴到底！

一個值得信賴的人，通常是品德高尚、心性善良的人，這種是指人格上值得信賴，不會背棄盟友，可是這並不代表他在工作上百分之百不會犯錯。為了防範錯誤，對一個品德值得信賴的人，我們需要另一種「疑」，是檢誤的「疑」，防錯的「疑」，是工作上的除錯，不是品德上的懷疑。

組織中為了防範個人可能的錯誤，充滿了各式各樣的設計；例如各級主管的核決權限。每個人的決策能力有別，所以每一層的核決權限都不一致，職位越高，權力越大，可決定的空間越大。

組織中層層報告的決策流程，也是類似的防錯機制，上層的主管必須為下層的部屬背書，也必須確保檢錯的功能。

「用人不疑，疑人不用」指的是在用人上，對人格的信任，但絕不是一廂情願的絕對信賴，在還不清楚一個人的底細時，我們需要懷疑，要仔細觀察。

而當我們信賴一個人時，也要對他可能的犯錯有所準備，採取必要的防錯機制，這也是另一種懷疑。

54. 無所不在的檢查

我雖然信賴所有的部屬，可是我也知道人性會腐化，如果不要求，組織會逐漸散漫。所以我在組織中設立了各種檢查點。

看公文時，我會抽檢其中一篇公文；做事時，我也會抽檢某一項產品、某一個流程，以確保有照正確的方法進行。

在組織中，設立各種不同的檢查流程是必要的。

我們是個自由上下班的公司，你早上八點上班可以，九點上班可以，十點、十一點上班也可以，沒有人會盯著你幾點鐘上下班，我們完全信賴工作者的自律，也給工作者全然的自由。

可是我們往往也會在一大早安排開會，同事都說，最好是十點開會，因為有些人習慣晚上上班，太早開會等於為難這些人。

我不同意，我堅持一定要九點準時開會，這弄得所有人雞飛狗跳，為了開會，大家痛苦不堪，後來我順應民情，晚了半個小時，改成九點半開會，大家才慢慢習慣了。

我對所有主管說，我完全信賴他們，只要公文上有他們的簽字，我就閉著眼睛簽名，希望他們仔細幫我把關，不要期待我會替他們補位。

可是話雖如此，每次簽公文時，我總會在一疊公文中，抽出一、兩份仔細檢查，可是說也奇怪，就在極少數抽查的公文中，也偶爾被我找到錯誤。

我們的集團公司有一種制度，稱為「集團服務」，上面的控股公司設有一個部門，一段時間就會派人到下屬公司進行各種檢查，從公文流程、工作流程，到公司內規，必要時還會詢問底層工作者，是否有照流程工作。有時還會抽查一筆交易，從最源頭的訂單，一直到最後完成交易，逐一檢查每個步驟，看看是否一切照規定辦理。

檢查完了，還會出一份檢查報告，詳列各種問題與缺失，要我們設法改善。

以上這幾個例子，都是在例行工作中，必須要存在的檢查，以確保工作能按制度進行，能遵守既定的流程。

第一個例子，我們雖然相信所有同仁能自律，而給他們上班時間的自我管理權力，可是如果沒任何制度，來「喚醒」他們何時是正常的上班時間，最後極可能就各行其是，大家越來越晚，綱紀廢弛。

我要求九點開會，就是一種「喚醒」機制，也是一種檢查，暗示大家正常的上班時間是九點，必要時，還是要遵守體制，不可以隨興自由成習。

我隨機檢查公文，並非代表我對下屬主管不信任，而是保持管理上必要的檢查精神，因為制度設計上，如果有一個關卡完全沒有功能，就可能給予有心者可乘之機。我的隨機檢查其實更多的功能是讓我對實務工作保持臨場感，不要與公司的運作脫節，可是偶爾也會發揮糾錯的功能。

集團公司的下屬公司檢查服務，這完全是依照西方企業經營的「Check & Balance」精神，在企業組織外，再設一個外部的稽核、檢查部門，這是大集團公司規模龐大，制度嚴謹的做法，並不是每個公司都可以效法。

不過身為經營者，在組織管理上永遠要記得隨機置入「檢查」制度，檢查是關心，是檢視，是注意，也是重視，這可確保錯誤減少。

55. 尋找百分之百相信的人

我的直屬主管都是方面大員，有的幫我負責整個團隊的業績，從幾千萬到幾億；有的幫我負責一個功能性的部門，也是任務重大。對這些主管，我要求他們是百分之百可以信賴的人。

他們不只能力可以相信，都是超能力的人；他們的人格、品性也可以相信，都是正直的人；最後他們的核心價值觀也與我相同，這種人才可以信賴。

我管理的公司中，約有二十幾個主管要直接向我報告，他們的管轄範圍有大有小，大的單位團隊有一百多人，其次也有七、八十人，而最小的則有十幾、二十人。這些次一級的團隊，營業額最大的有新台幣四、五億元，最少的也有幾千萬，我對這些下一層主管，都百分之百相信他們，他們簽上來的公文，我都是閉著眼睛批的。

每當這些直屬單位營運發生困難，因為這些主管都是我百分之百可以相信的人，所以我處理的第一步，是責成主管限期改善，通常是以一年為期，每年逐一檢討。

可是如果經過一年，仍然無法改善，通常第二年我就會下手直接協助管理，因為問題的複雜度，可能超越主管可以處理的能力範圍，這時候我仍然是百分之百相信這個主管，只是他這時需要協助。

如果在我參與協助後，能夠讓這個問題單位逆轉，回歸營運的常態，那麼這個主管又會回復成可以負全責的主管，我也會從這個單位撤離，不再過問這個單位的例行事務。

可是如果連我介入協助，也無力改變這個問題單位的實況，我就會換人經營，我必須重新找一個可以百分之百相信的人，來管理、整頓這個單位。

我曾有這樣的經驗，一個問題單位連續虧損四、五年，其間換了三個主管，前兩個主管負責時，我曾全力介入協助，可是因為對那個行業不熟，能幫的忙有限，所以完全起不了作用，一直換到了第三個主管，終於找到對的人，才慢慢讓這個團隊穩定下來。然後再歷經三年，好不容易從大虧、小虧到不虧，前後經過五年，才讓這個單位回到正軌。

身為大主管的我，從頭到尾一直都在尋找百分之百可以信賴的人，這種人要包含兩個要件：

一、是能力的百分之百可以信賴。對於他所主管的範圍，所必須擁有的專業，要百分之百具備。對他在處理事情上的決策判斷也要百分之百成熟圓滿，這是做事的可以信賴。

二、是人格的百分之百可以信賴。人格指的是他的價值觀，做人處世的態度，對公司經營的未來想像，這些都是可以信賴的。

人格的可以信賴，還包括主管個人的價值觀與公司價值觀完全吻合，他會服膺公司的要求，正確完成公司交付的任務。

百分之百相信的團隊主管，絕非一蹴可幾，並不是每個剛升任的主管都可以獲得我百分之百的信賴，在我剛升任一個主管時，大概要歷經觀察期、培育期和放手期三個階段。

剛升上來的主管，都在觀察期，這時我會給予極大關注，每週、每月、每季仔細觀察他的作為。通過觀察期的人會進入培育期，我的追蹤變成逐季理解，讓他有較大的自主空間。

最後才真正進入放手期，這時才會是我百分之百可以相信的主管，這通常要經過三年的時間。

56. 推心置腹的信任

我派出一位主管去改造團隊，這是一個極困難的工作，我不但對他百分之百的信任，也賦予他百分之百的權力，必要時他也可以選擇撤退。我告訴他：你是最後一任主管了……

結果這位主管賭上一切，全力以赴，完成任務！

我們公司曾經有一個團隊，連續虧損了好幾年，一直無法改善。由於這個單位的主管是一個專業度極高，也十分認真負責的人，我衡量之後，確定再怎麼找也找不到更合適的人，因此我下定決心，要把這個團隊的未來賭在這個主管身上。

我找來這位主管，問他有沒有決心要把這個團隊逆轉。他告訴我，他會全力以赴，去做各種嘗試，但是並沒有把握一定可以讓公司轉虧為盈，他也很怕做不到，讓公司失望。

我確認了他有意願承擔重任，這就是我要的答案。

我告訴他，只要他有意願做，就夠了。只要他能堅持到底，永不放棄，我們就放心了。至於能不能有好結果，我們並不強求，一切看上天的安排。

我再告訴他，我們百分之百看好他，認定他是最合適的人選，他完全有足夠的能力，承擔重任，因此我們決定把所有的希望賭在他身上，他可以放手去做。

我還說，他將是這個單位的「最後一任主管」，如果他全力以赴之後，經營狀況仍然無法改善，而他最後也決定放棄，我們就會結束這個團隊。因為我們相信，除了他之外，我們再也找不到更好、也更合適的人了，所以我們全力支持他，請他放手做。

經過這番談話後，這個主管完全變了一個人，不只積極任事，勇於負責，而且決策明快，劍及履及，展開了一連串雷厲風行的改革。

他的作為，我都看在眼裡，我十分感動。我看到了一個以命相搏的主管，他賭上了他的一切，下決心要做出改變。

一年之後，這個單位只有小虧了；再一年，這個單位開始小賺。重點是，整個團隊走向營運的正循環，大家都有信心向前看，他們未來的改變指日可待。

經營公司的過程中，我常思考：什麼樣的激勵最有效？如何才能讓團隊全力以赴，做出不可思議的成果？

當然各種答案都有可能，但是我最相信的一件事是「推心置腹的信任」。在這個案例中，我給了這個主管推心置腹的信任，他就給了我不可思議的回報。

推心置腹的信任，來自兩件事：一件是對於同事能力的百分之百相信；另一件是對他的人格、道德、價值觀的百分之百信任。有了這兩者，我才敢推心置腹。

推心置腹也是沒有任何前提、條件的，我把逆轉團隊的任務交給他，但是我並沒有交付使命必達的任務，我只要求他全力以赴，但對結果十分坦然，我願意接受老天爺任何的安排。

我還把最後決定撤退的權力交給他，說明我對他真的是推心置腹，百分之百的信任。這樣的信任得到了最好的結果，也激發了最大的能量。

第24章

使用vs.栽培

組建團隊時，

要內部培訓還是對外挖角？

先學內部訓練，再學對外挖角

我剛創業的時候，應徵了一批應屆的大學畢業生，我很認真的手把手教導他們，我很驕傲，我們用的人才都是自己一手訓練出來的。

自己訓練的人才，好處是理念相通，方法一致，工作起來，默契十足，通行無阻。可是壞處也不少，最大的壞處就是時間太長，成本太高，失敗率也高。

當時我訓練完成一個記者最快的要一年，慢的還要一年半。他們都要在工作中慢慢成長，一步步學習，其中還有不少人，耐不住辛苦，中途放棄、離職，那麼我之前所費的心思，就完全付諸東流。

用一張白紙的人，我們需要什麼顏色，就塗上什麼顏色，自己訓練的人適才適行，我一向強調自己的團隊要自己訓練。

可是當我的管理領域越來越大之後，我發覺我自己訓練的人才逐漸不夠用，我不得不採取對外挖角，外求人才也變成我非常重要的求才來源。

外求很重要的原因是：許多職務，涉及專業技能，而這些技能都是我不會的，自然也無法訓練，所以對外挖角很自然就變成不得不然的結果。

我說的是對外挖角，而不是對外招募，這兩者其實是有別的。招募是被動的，是等候應徵者前來，是否是好的人才，要碰運氣。

而對外挖角，完全反客為主，我們會去主動打聽，市場上有哪些好的人才，主動接觸、溝通、說服，並為他量身打造舞台。只要挖角成功，組織內的專業板塊，立即彌補完成，可以達到專業水準。

對外挖角雖然也變成我用人的重要手段，可是對外挖角也要經過內訓的內化過程。剛挖角過來的人，有的是專業，但是對於我們公司的組織文化、價值觀、工作方法都不了解，因此通常剛來時，我們不會賦予主管的職位，只給專業技能缺，而且我們會指派專人協助他了解公司的狀況，一定要經過一段時間之後，確定他已適應了我們公司的文化，才會給予主管缺。

內化的過程非常重要，不只是外面挖角來的人才，只要是外面來的人才，都要經過幾年的內化，才會真正融入團隊。內化也就是內訓，主管要在組織內部形塑一套自我訓練的系統，讓每個人能成為組織的一員。

不論內訓與外求，都是主管要學會的技能。

57. 中等之姿尋璞玉

小公司、小主管肯定找不到好用且立即可用的人才。小公司、小主管所需要的人才，通常要長期自己訓練培養出來。

而自己培養的過程，也不要指望能找到一等一的好人才，因為好人才都被大公司、大單位吸引。小公司、小主管只能找到中等之姿的一般人才，要透過自己的努力找一般人才，打造成傑出的好人才。

一個年輕創業家問我：他的公司找不到好的人才，要怎樣才能找到好人才？

我問：「你想找到什麼樣的好人才？」

「只要能立即上手，可用的人才，都是好人才。」

原來他想的是立即可用的人才，其實他的想法是不切實際的，一般新創小公司一定找不到立即可用的好人才。我年輕時創業，歷經了三年尋尋覓覓，終於確定如果我想要找到立即可用的人才，是不可能的。

一般而言，新創公司的規模偏小，且營運狀況不穩定，也沒有知名度，這樣的公司不可能吸引到立即可用的好人才。

立即可用的人才，通常不是第一次就業，極可能已換過兩、三次工作，他們要找的是規模更大，更有制度的公司，絕不可能屈就於新創公司，所以小公司不要想找到立即可用的好人才。

那麼小公司要怎樣找人才呢？

第一，小公司千萬不要想即戰力的人才，要有自己訓練人才的心理準備。

我創業時，就下定決心，所有的人才自己訓練，所以我要找的不是有工作經驗的人才，而是像一張白紙、剛畢業的人才。這些剛畢業的人才沒有任何工作經驗，也就沒有任何工作成見，可以從最基本的工作態度教起，我想要什麼顏色，我就塗上什麼顏色，完全按照我的需求，打造所需要的人才。

第二，要在中等之姿的人才中，尋找可以琢磨的璞玉。

我剛創業時，尋找沒有經驗的人才時，眼光甚好，找的都是天資聰穎、才思敏捷的傑出人才，這些傑出人才調教起來相對容易，他們通常能舉一反三，往往在很短時間，就學會許多能力，成為公司核心戰力。

可是這些出落得十分標致的好人才，眼光相對遠大、機會也多，因此在我們公司沒多久就會遇到被挖角的機會，而一被挖角，以我公司的小規模想留住這些傑出人才，就十分困難。

我早期訓練的人才中，兩年內被挖角跳槽的機率高達八成，當我發現這種嚴苛的現實後，我就改變了我選才的標準。

所有人才，一般可以分為三種，最高級的是傑出人才，聰明伶俐，反應敏捷；其次是中等之姿的人才，按部就班學習，穩定的成長；再其次是一般的人才，學習緩慢，胸無大志。我剛開始找人，偏向第一種最高級人才，後來歷經頻繁挖角，我開始偏好中等之姿的人才。

中等之姿的人才通常個性穩定，穩穩的學習，一步一步成長，可是經過長期琢磨之後，通常會顯現璞玉的本質，成為組織中好用的人才。

中等之姿的人才通常也會比較感念組織的栽培，不會像花蝴蝶般在外面尋找機會，因而有機會較長期的為公司所用。

我得到一個清楚的結論，新公司、小公司要從中等之姿的人才中，尋找可以琢磨的璞玉，不要一味追逐傑出人才。

58. 訓練半年用一年

主管要訓練可用的人才，必須要有完善的培訓計畫，如果新人平均在公司服務兩年，那麼培訓計畫也要因時制宜。

訓練半年用一年，是針對新人服務兩年訂定的訓練計畫。花半年的時間訓練新人，然後至少可以工作一年到一年半，這樣還算值得！

我在創辦《商業周刊》的前幾年，遇到一個極為困難的問題，市場的同業都流傳一句話：何飛鵬訓練的人才最好用。當時我非常堅持團隊一定要從一張白紙開始訓練，我要用有共識、理念相通的人，因此每個記者，都是我手把手訓練出來的，我原先的規劃是：我訓練一年半，把他們從一張白紙，訓練成成熟的記者，然後他們在我的公司工作一年半，前後有三年的時間。

可是因為我訓練的人才好用，因此所有同業都來挖角，我訓練的人平均一年半到兩年就被挖走，我永遠在開訓練中心，一直都在為人作嫁，我反而用不到成熟好用的人才。

當我發覺這個困難之後，我開始思索解決之道，首先我想能不能讓外部挖不走我訓練的人，要做到這樣，我就必須改變薪資、福利和工作環境，當時我們是個新創的小雜誌，品牌、影響力都不如人，更缺乏金錢來改善薪資福利，要讓外部挖不走我的人才，幾乎是不可能的事，我剩下唯一的方法是用相處的情誼去慰留，可是這是最不可靠的方法。

我能不能請外界的同業不要挖角？這更不可能，大家都在市場競逐人才，怎可能互留餘地呢？這條路也走不通。

如果被挖角不可免，那麼我能不能改變用人策略呢？我也放棄自己訓練人才的想法，改從市場找具有即戰力的人才！

可是幾經思索之後，這並不是聰明的決定。市場上即戰力的人才，所有的同業都在爭取，大的媒體出得起更好的待遇，也提供了更大的舞台，如果我放棄自己訓練的策略，就注定找不到好的人才。

我確定我的人才一定會面臨挖角，也一定會被挖走，我似乎注定了要面臨繼續為別人訓練人才的命運，面對這個難題，我又將如何因應呢？

我發覺工作三年的想法是錯的，我訓練的人才平均服務一年半到兩年，時間一到，他們就擋不住外界的誘惑，那麼我能不能善用這兩年的時間呢？想清楚這件事，我決定改變訓練方法，把原來訓練一年半壓縮成半年，如果我能在半年期間，讓一張白紙的記者，變成接近成熟可用的記者，我就還可以享受一年到一年半的成熟期，那麼就算他們被挖角，我也沒有什麼遺憾了。

找到這個解方之後，我開始研究如何改變訓練方法，我原本的訓練期分為三段，前六個月適應期，後六個月協同採訪，最後六個月才獨立作業。經過壓縮之後的訓練方法，改為一個月適應期，後五個月就直接投入工作，強調透過實務的磨練，使他們快速學會。

改變訓練策略之後，我就不怕挖角了，就算被挖角也不會遺憾。這個故事說明解決問題的方法有很多方式，只有我們還沒想到方法，絕對沒有找不到解決的方法。

59. 換血前，請說清楚、講明白

遇到不肯自我提升的員工該怎麼辦？

當公司要轉型，需要團隊學習新的技能，可是如果有同仁不肯學習，主管絕對不可以坐視不管。主管在處理此類工作者時，一定要在換血前，說清楚、講明白。

員工不肯學習，組織終究是留不住這樣的員工的，但一定要事前善盡告誡的責任，讓工作者被放棄時，死而無憾。

一位主管來找我訴苦，也求救。

他有許多部屬不願學習新生事物，停在原地不動，眼看他的紙媒介生意不斷往數位挪移，紙媒就要擇日結束，對於不學習數位技能的同事，他不知如何對待，深感困擾。

我說：「那就逼他們學習新技能啊！」

「他們擺明的就是不願學、不肯學，就算願意學，也學不會。」「他們還說：這一輩子都在做紙媒介，現在年紀大了，要學新東西，也相對困難！」他說。

他們的年紀介於四十到五十歲，在公司也工作了十幾、二十年，因為都是老員工，所以主管處理起來相對為難！

「如果不肯學新技能，就只能資遣他們，要他們離職了。」聽到這個說法，主管為難起來，難道就真的只有這條路可走嗎？

公司要與時俱進，員工也一定要跟著進步，如果員工不肯前進，最後公司只能放棄他。這不是公司的錯，是因為員工不肯進步。

可是要資遣他們之前，主管有許多前置工作要完成，絕對不可以直接進入資遣的手續。

調整員工的第一步是，要求他學習、成長。明確的說明他要學習的項目、技能與方向，給他足夠的時間學習，或安排內部訓練，或參加外部培訓，都是可行的方案，通常這時間要歷經半年到一年。

時間到了要仔細檢查其學習成果。學習有成，我們很慶幸能保住一個好的資深員工；如果學習成果不彰，就要進入調整的第二階段。在這一階段，就要把學習不成的後果說清楚、講明白，直接告訴部屬，公司的轉型勢在必行，而員工也必須學會新技能，如果不能學會，再過半年、一年，公司只能資遣這些學不會新技能的工作者。

我會明確告訴紙媒介的經營團隊，紙媒介存在的日子已經不多，到要停刊的那一天，所有的工作者如果沒有數位工作能力，就只有資遣一途。

這個明確的告知過程極為重要，因為有了告知，一旦資遣，代表公司是不得已的作為，員工不能怪罪公司。可是如果沒有事前說清楚、講明白的過程，公司的資遣，就是「不教而殺謂之虐」，是極不負責任的作為。

可是對大多數的主管而言，事前說清楚、講明白是一件極為難的事。主管通常不太會做壞人，要正經八百的告訴部屬未來可能要資遣，是很痛苦的說法，大多數主管都做不到。

所以學會事前把醜話講明白，把員工不能接受的真話講清楚，是一個極重要的歷練過程，是主管必學的事。

60. 長期追蹤外部傑出人才

主管除了內部培養人才之外，也必須從外部尋找傑出人才，但外部人才最忌透過短期招募，立即上任，這樣用錯人的機會極大。

最好的方法是鎖定好的外部人才，長期接觸、追蹤，仔細了解這位人才的品格、脾性及能力，一直等待適當時機，才加以延攬。

有次在一個座談會，一位零售業高級主管與我同台演講，他的演講內容讓我十分驚豔，他的資歷也讓我十分好奇，他應該是十分傑出的人才。

我留下了電話，隔了一段時間，邀他吃飯聊天，其實我聊天的目的很單純，就是要仔細了解這個人，看他是不是能為我的公司所用？

吃飯過程十分愉快，他說了學習成長歷程，我才發覺他是我大學學弟，科系不同，但參加的社團類似，我們有相同嗜好。

他也是不愛讀書的人，念書時，大多時間都在打工，學校功課僅低空掠過，勉強及格，可是卻累積了豐富的人生經驗。

我發覺他的業務行銷經驗是我們公司所缺乏的，他如果能加入我們，對我們有極大助益。我立即開口邀請，提出一個夠高的職位，展現了誠意。

他謝謝我的慧眼賞識，但他說到這家公司不久，不好立即離開，如果以後有機會會考慮。

從此我就展開了前後五年的追逐過程。每隔一段時間我都會與他保持聯絡，了解他的近況，看看有無加入我們的可能。

之後他被另一家大公司高薪挖角，那是個大舞台，我們公司和那家公司比起來，完全不是同個檔次，我只好祝福他。

再過幾年，這家大公司因經營策略調整，要結束他工作的部門，他因而被資遣，於是他主動聯絡我，最後終於來我們公司，結束了長達數年我對他的追逐。

對好的營運人才，我一向採取七〇％內訓，三〇％外求的策略，外求的人才通常是公司新增的業務品項，相關的人才在組織中本來就少有，因此往往要從外部市場延攬。

而尋訪外部人才，通常都由我親自下手。

參加各種外部聚會，以結識相關人才，又是最主要的方法。各種相關公會及產業的聚會，通常各公司都會派出重要經營幹部與會，這時我就可以乘機認識相關領域的好人才。認識這些人第一步還不是挖角，而是要先理解這個領域好人才的背景、特質，先讓自己學會辨認這個領域的好人才，要先熟悉這種人才的特性。

第二步才是挖角，而挖角對象通常不是第一線主管，而是其他公司培育中的潛力新秀。一方面是第一線主管動見觀瞻，而且是其他公司重用的人才，較難以下手；另一方面，潛力新秀較不引人注意，挖角也較不敏感，挖動的可能性較高，所以我通常瞄準潛力新秀下手。

動手挖角的第一步，則是私下見面吃飯，名義都是向其請益有關專業問題，以請教為名，通常都會獲得同意。第一次私下見面，通常只是廣泛的閒聊，從成長背景、人生歷程、想法、興趣價值觀，總之要了解其專業及價值觀，以決定是否挖角。

有了第一次私下見面，就可以下決定了。至於如何挖角，就要看自己的期待有多高，以及有多少誠意！

61. 小心馬謖型人才

主管用人大多喜歡傑出的人才，傑出人才能說善道、會做事當然是好事，可是這種人才如果自以為是，太過自負，終究可能犯下不可思議的大錯，這種人是歷史上讓孔明兵敗失街亭的馬謖。

主管永遠要小心馬謖型的人才：自以為是，好大喜功，求勝心切，不接受約束。

有一個年輕的工作者，跟我一起工作很多年，學習力強，反應靈敏，獲得我極大的喜愛，許多有挑戰性的工作，我都會交給他負責，而在我的近身調教下，他也成長快速，是我極為倚賴的人才。

在一起工作的過程中，我對他唯一的顧慮是：他學習力太強，許多事一點就會，就怕他學得不夠扎實，太自負、太自以為是，以至於在關鍵時刻，犯下關鍵的致命錯誤。因此在培訓的過程中，我經常仔細檢查，不讓他一個人放手做主。

許多年後，他終於升成獨當一面的主管，剛開始幾年也都小心謹慎，交出不錯的成果。

後來有一年，他的單位提出了一個創新的專案，我也十分認同，鼓勵他們去做，因為他們急於推動專案，所以與一個協力廠商的合約還未完成簽約，竟然就先執行，沒想到此一廠商執行一半時竟然因獲利不佳中途放棄，而我們因尚未簽約，求償無門，最後此一專案以鉅額虧損告終。

我找來這位主管，他對著我抱頭痛哭，坦承因他的疏忽、操切，導致公司發生重大災難，願意接受公司任何處罰。

我並沒有處罰他，只要求他寫一篇深刻的自我檢討，就算結束。可是我對自己的深刻檢討才要開始。

我的檢討是：這位主管就是標準的「失街亭」的馬謖，外表聰明靈敏，但自負、自以為是，經常會在小事上犯下不可思議的錯誤，而給公司帶來重大災難，在他成長的歷程中，他所表現出來的馬謖特質已經十分明顯，而我竟未能有效防範，我的錯誤罪不可赦！

組織中絕對不乏馬謖型人才，這種人才很可能會受到重用，但是在當他獨當一面後，卻會在關鍵時刻，因為大意、疏忽，而犯下不可思議的「低級錯誤」，而使公司蒙受重大損失，公司要非常小心預防「馬謖型人才」的災難。

馬謖型人才的特質包括：（一）聰明靈敏，學習快速；（二）因一學即會，故沒耐性虛心學習；（三）自以為是，大而化之，不在意遵守規範；（四）好大喜功，求勝心切。

符合上述四項，就是典型的馬謖型人才，馬謖型人才必須仔細調教，才有可用。調教馬謖型人才首重耐心的磨練，要他們在學習時反覆練習，改變其速成的習性；在工作中要求其事先報告、事前檢查，增強其嚴謹度。更重要的是在做事時要求務必事前做最壞的打算，確定就算失手，仍能有效善後，才能放手一搏。

除此之外，最重要的是要挑明講，告訴這種主管，讓他知道他是馬謖型人才，有在關鍵時刻犯重大關鍵錯誤的基因，請他務必以此為念、以此為戒，越是關鍵時刻越要小心謹慎。我對我的主管就是忘了挑明說，沒讓他知道自己是馬謖，百密一疏而犯下錯誤。

第25章

威權 vs. 親近

與團隊相處時，

要嚴厲還是要親和？

交代任務時嚴厲，私下互動時親和

年輕當記者時，全組有八個人，後來當主管離職時，我就被升成主管，由於過去大家都是同事，我這個主管做起來也沒有架子，大家都是好朋友！

平時聊天時當然是朋友，而當小組開會時，我們也像朋友一樣聊天，剛開始，我並沒有覺得有什麼不對，反而覺得大家輕鬆和諧相處，還蠻好的。可是日子好久了，我就慢慢發覺，這樣的相處有問題。

首先是正式開會時，大家你一言，我一語，完全沒有開會的規則，開會沒有效率，沒有結論，還經常起爭執。

其次是當我要下達指令，分派工作時，由於大家都是熟朋友，同事們偶爾還會扯皮，工作挑三揀四，會拒絕接受我的指令，迫使有些工作我無法分派，只能留下來自己做。

我發覺和同事們太熟了，有些事推動不了，大家都不當一回事。

當我發現這個問題之後，我逐漸和同事們保持距離，並逐漸建立起開會的會議規則，不再是大家隨便發言，事後並立即有會議記錄表示慎重。

比較困難的是和老同事分派任務時的溝通，如果我分派了任務，他們和我討價還價時就會變成比較冗長的溝通，甚至最後我有時還必須板起臉，正式告訴他們這是命令，他們才會勉強接受，但彼此之間的關係已逐漸改變。

我花了許多時間，才把關係從同事，調整成上下之間的部屬。

後來我自己創業之後，就非常注意同事間的互動，我把與部屬間的互動分成截然不同的兩個層次，一個是組織中正式的工作中的互動，一個是同事間私下的互動，這兩者我採取了完全不同的互動方式。

工作中的互動包括了工作上的溝通、討論，任務的交付，指令的下達，以及正式的會議，這些都是工作中的互動，我的態度是冷酷而嚴厲，彼此之間可以討論、溝通，但是不可以討價還價，也沒有商量和妥協的餘地。我會要求使命必達，說到做到。

我體會出，身為主管最好的角色扮演是嚴肅不可親近，指令一言九鼎，這樣才能夠有效帶領團隊朝同一個目標邁進。

可是我也會營造另一個私下的互動形象，我會找各種機會與部屬互動；例如私下聊天的場合、吃飯的場合、聚會的場合、遊樂的場合，我所演的角色就是一個人、一個同事，也可能是一個朋友，和藹、溫和、容易親近，盡可能談笑風生，是一個可以交往的人。

私下的溫和角色，相較於正式工作場合的嚴厲，將是極強烈的對比，而且是越強烈越成功，越容易演好主管的角色！

嚴厲與親和是主管都需要的兩種角色，嚴厲會讓主管在推動工作、下達指令上更加順暢，而親和則可增加部屬對主管情感的認同，營造朋友與自己人的感覺，強化團隊的凝聚力。

62. 營造快樂的工作氛圍

好的主管除了要會工作之外，還要會帶動組織裡的快樂氣氛，舉辦各種活動，趣味競賽、同事聯誼、交換禮物，甚至邀請同事家人一起來。這些活動都在營造愉悅的氣氛，讓同事在辛苦工作之餘，可以有更好的互動，提升工作士氣。

有一個主管經常在公司裡舉辦各種娛樂活動：每個月都有生日慶祝，這是最基本的；情人節會發起女同事送男同事「義理巧克力」的活動；歲末年終則舉辦趣味競賽。三不五時，公司就舉辦部門內交換禮物；偶爾休假期間則舉辦騎車、郊遊，邀同事親屬一起來。

我當主管這麼多年，幾乎從不做類似的事，和同事只有工作上的往來，幾乎沒有私人的聯誼活動。我認為，職場中最重要的是完成公司交付的任務，其餘的就不是很重要。

看到這位主管所做的事，剛開始我還質疑其必要性，覺得這位主管是不是不務正業。不過，因為這個單位的預算目標都能超標完成，我也就任由他去做。

日子久了，我發覺這個單位的團隊共識極佳，凝聚力極強，內部的工作氣氛非常好，跟過去的組織氛圍完全不一樣，我覺得這應該與他常舉辦各種團隊活動有關。

我找了這位主管來聊，才知道他是救國團康輔營隊出身，非常擅長營造團隊的歡樂氣氛。他跟我說，達成公司交付的任務是最基本的要求，但更重要的是，他要打造一個快樂的團隊，讓所有人在最愉悅的氣氛中工作。

他還告訴我，組織愉悅的互動會強化團隊的凝聚力，也可以讓每個人多走一步，多做一些事，進而創造更大的成果。

我看到了一個我過去完全不曾經歷過的境界，我有能力帶領團隊完成任務，創造績效，可是我卻從來沒有想過他們快樂嗎？他們的生活有趣嗎？他們之間的互動很好嗎？

於是，我開始檢視自己，我每天專注在工作上，很少有機會與同事互動；我的年輕同事常有人結婚，我也絕少出席他們的婚禮。理由是：我的同事太多，平時也不常與他們互動，所以我總是禮到人不到。

雖然我常常與我的直屬部屬共進午餐，可是那也大多是消化不良的工作餐，我們從來沒有坐下來談談心情、談談生活、談談家庭！

可以想像我的團隊，他們工作是緊張的，生活是沉重的，雖然透過任務的完成，他們會在工作上有成就感，可是在職場中應該談不上快樂，難得有愉悅，彼此之間更難得有互動。我的團隊應談不上是快樂的團隊。

我是一個績效至上、嚴厲的老闆，絕不是一個有趣的老闆，我的團隊只有苦命的工作，沒有快樂。

因此，我嘗試做改變。在辦公室中，我盡可能保持笑臉，去認識同事，聊天溝通；我開始參加員工旅遊，和他們一起度過快樂的休閒時光；我也開始去參加員工的婚禮，和同事共度他們一生中最特別的時刻。

我鼓勵所有的主管主動去增進組織內的互動、去營造快樂的氣氛，這是主管在完成任務之外，更高的境界。

63. 偶遇就由我埋單

每一天中午，我都在公司附近的小館子吃中餐，我每天換不同的餐廳，每天也都會遇到不同的同事，而我的規矩是，只要和我同一餐廳吃飯，就是有緣，所以我都會順道替同事埋單。

長久下來，所有的同事都知道，我會付錢，大家也都樂於享受一頓免費的午餐，每天中午大家都來碰運氣！

我們公司有近千名同事，在同一棟大樓上班，中午都在大樓後的一條小巷子裡吃飯。這條幾百公尺長的巷子裡，充滿了各種餐廳，麵館、餃子館、小炒店、便當店、西餐、義大利餐。一到中午休息時間，幾乎整條巷子都是我們同事，我也常常在這裡吃飯。

一般而言，每天中午我都會找一位同事一起吃飯，聊聊公事，也聊聊私事，這是我聯絡感情的方法。

但是因為同事很多，幾乎每天中午總會遇到一些同事在同餐廳裡不同桌吃飯。只要認識我的同事，都會親切的和我打招呼，我也會熱心的回應。

有時候，我會連其他同事的帳單一起埋單。記得最多的一次是在同一家餐廳裡，總共付了四桌。

久而久之，幾乎全公司的人都知道，只要中午和我同餐廳吃飯，我就會請客。他們通常會熱忱的表示感謝，很多人還會不好意思，下次只要遇到我，就早早去把帳付了，免得再讓我請客。

我很樂意做這樣的事，因為這種事讓我得到好的名聲，也讓所有的同事對我心存感激，有了非常良好的互動效果。而且我實際上只花了有限的錢，卻得到非常好的人緣。我曾經仔細計算過，我大約一個禮拜會外出吃飯兩次，每個月大概八到十次左右，而每一次請大家吃飯，花費一千元左右，每個月開銷大概不到一萬元。

我花一萬元，得到非常好的效果：

一、所有員工都知道我是大方的人，不會和同事計較，同事之間也由此增添了不少說話的題材。

二、無形之中，我拉近了與所有同事的距離。通常遇到我第一次埋單，同事會喜出望外，不斷的說謝謝；到了第二次、第三次，他們就會急著與我搶付帳，當然他們通常搶不過我，可是這個過程是非常愉快的經驗，充滿了人與人之間的溫情和友善。

三、我在公司中，設法營造了一家人的感覺。因為只有一家人，才會不計較，才會有飯一起吃，大家和樂融融。

我會這樣做，和我的個性有關，我是一個喜歡交友，個性隨和的人。我最喜歡的情境就是所有朋友一起去玩、一起吃飯，大家都自動自發、不計較，今天吃飯你付帳，明天吃飯我埋單。在一起只要高興就好，不必每次都把帳算清楚，那是一個很麻煩的過程。

當然我也會遇到喜歡占別人便宜的人，老是由別人付帳，自己都不埋單。遇到這種人，我會把他列為拒絕往來戶，躲他遠遠的，因為他不是自動自發的人。

對員工、對同事，我則是理所當然的大方，因為我是他們的主管、老闆，我薪水比他們多，我環境比他們好，由我付帳天經地義。更何況，我因此而得到他們的認同，也得到他們的友善，我才是最後的贏家。

64. 午餐的約會

每一週我一定有兩、三天，會約一個直接向我報告的下一階部屬一起吃飯，吃飯的目的很簡單，反正我都要吃飯，他們也都要吃飯，那就不如一起吃，一方面聯絡感情，一方面也商量公事。

我的部屬直接向我報告的人約有二十幾人，大約兩個月會輪到一次，我很樂意利用中飯時間和他們多親近，增進情誼。

一日中午，我準備外出吃飯，在電梯口遇到一位和我工作近二十年的老員工，他是我下兩階的主管，也帶領了七、八人的小團隊，和他同行的還有一個已工作超過十年的同事，以及另一個剛到公司不久的新人，他們三人也一起要去吃飯。

我知道他們要去吃飯後，主動要求，我可以同行嗎？他們欣然同意。我們一起走了近兩公里，到附近知名的小吃市集，一面聊天，一面吃飯，當然也聊了不少工作上的事。

像這樣的午餐約會，我每一週都會有兩到四次，每天近中午，我的祕書都會來問我，今天中午要和誰吃飯，我就會想一想，從我的下一階主管中挑一個人吃飯，因為都是臨時隨機約的，所以對方不見得有空，這時就會再隨機約另一個，有時候要約到第三個，才能成局。

我的下一階主管，會直接向我報告的人，總計約有二十幾個，他們每個人管轄的業績少則幾千萬，多則數億元，員工數少則十幾位，多則數十位，每個都是我公司中非常重要的核心人物，我利用吃中飯的時間，一方面聯絡感情，聊聊家常，另一方面絕對免不了談談公事，許多重要的公事，也就在一頓飯之間就談完了。

公司的主管間流傳了一個故事，有一次我和一個主管吃飯，一頓午飯吃完，他那年獲利目標就加了兩千萬，大家互相提醒，和我吃飯一定要小心謹慎。

其實真相也沒那麼嚴重，只是那一頓飯局，我發覺他那年的手氣正順，而且他所經營的市場環境大好，我建議他應該大幅調升獲利目標，而且我除了建議調升目標之外，也探討了調升目標的方法，他也認為可行，所以調升目標就變成了我們之間的「共識」，可是一頓飯加兩千萬，這也是事實，重點是，那一年年底，他真正做到了調升後的目標。

我吃中飯的對象除了次一階主管，還有幾種人：（一）老員工，通常是十年以上，而且我認識的人；（二）再次一階主管，也負責了重要部門，擔負了較大的業績責任；（三）公司特殊部門的人，而且這個人在公司中也擔負了重要任務；（四）公司中能力超強，正培養中的新秀。

對這些人，由於人數較多，我通常要很久才會和他們吃到一次飯，因為我們中間還隔了一層主管，所以我們通常只是閒聊公事，我只有「訪察民情」，不直接有政策上的指示，反而聊比較多的是生活及家庭，我也藉機會多認識他們。

我中午反正要吃飯，而我也不喜歡一個人吃，總要找人陪我吃，因此把吃中飯變成溝通的一部分，有計畫的找公司「核心團隊」聯絡感情，也溝通公事。

會和我一起吃中飯的人，總計約有幾十人，這些人都是我公司中的核心團隊，我不只要和他們有公事往來，更要和他們有私人的情誼，他們都是我最重要的「兄弟姊妹」！

65. 扶你上馬，保你上路

主管和團隊相處久了，就不只是長官和部屬的關係，許多工作久了的老同事，甚至有一家人的感覺，我們會互相替對方想，為對方做一些超過同事應該做的事。

有同事要離職去創業，我用資遣的方式，給他一筆資遣費，作為創業基金；另一個同事要創業，我也掏錢投資，因為他們都和我親如一家人。

一個和我工作二十年的同事，告訴我他要離職去創業，我有些訝異，但還是祝福他，不過我也協助他再一次確認決策的過程。

「想創業想多久了？」「已十幾年了，一直在找創業標的，近一年來終於看到不錯的項目，所以這次下決心了。」

「你現在辭職，雖已工作二十年，但會拿不到任何錢，不可惜嗎？」「我已經很大了，機會不多，再不創業就來不及了，只好辭職。」

「要創業，錢準備好了嗎？」「已準備了一些，不太夠，也只能走一步看一步。」

我仔細盤算他對公司的貢獻，這二十年來，最多的一年，他替公司賺了幾千萬，一般而言，每年也都賺超過千萬，他對公司的貢獻可謂戰功彪炳。我決定給他一些回饋。

我資遣他，給了他一筆資遣費，當作贊助他的創業基金。

另一個也和我工作過二十年的同事，也要出去創業，我也同樣支持他、祝福他，並問他有需要我幫忙嗎？他說要借我的名字，他的新公司需要有稱頭的股東，要我投資他一點，只要象徵性的金額，我問：要多少，他說五十萬，就這樣我成為他的人頭股東。

另一個工作超過十年的同事，也要辭職去創業，我知道他已早有準備，但也盡可能協助他，我請他做公司半年的契約顧問，這半年中同事有問題，可以隨時請他給予協助，每個月給個幾萬元顧問費，讓他在創業初期不無小補。

我非常珍惜長期和我工作的夥伴，尤其超過十年的夥伴。

我在一九八〇年代創業，當時有許多同事大學一畢業就來工作，到現在已近三十年，有些人一直和我一起工作，從年輕到現在已半百，這是緣分，也是最可貴的情誼。

對這些長期工作的夥伴，我的心情是一時的同事，一生的朋友，我會想盡辦法，盡我所能互相照顧一輩子。

這些同事，我一向鼓勵他們創業，因為領薪水，只能過安穩的小日子，如果要想得到財富自由，還是要拔出石中劍，瀟灑走一回，走上創業路，一旦他們走上創業路，我就會全力「扶你上馬，保你上路」。

「扶你上馬」指的是我會仔細和他盤點所有創業計畫，分析各種可能，以及該行業的未來走勢、關鍵成功因素，並比對他現有的資源與準備，是否充分，也全力協助他去取得必要的資源，總之要做足一切準備工作，期待他能創業順利。

「保你上路」指的是資金準備，剛創業的人，通常是用較少資金，去搏更大的可能，資金通常是不足的，因此我也會用各種方法給予資金上的協助。

我這樣做，完全沒有個人的人情成分，我會仔細計算他們過去對公司的貢獻，換算可以給予的回饋，這是兼顧公司的做法，而未來他們創業有成，也是公司力量的擴張。

66. 績效第一，也兼顧人情

我們公司一向績效至上，每年打考績，表現好的獎金多，表現差的獎金低，獎金和年資從來沒有關聯，做久了，只代表是白頭宮女，通常沒有任何的肯定。

有一年，我們業績超好，領到一筆超額獎金，我決定用年資發放，服務超過十五年，加發一個月獎金，超過十年，加發半個月獎金，所有同事，都說我們是具有人情味的公司。

我經營公司，一向強調一切以績效為依歸，所有調薪、獎勵，都要跟著績效走，極少考慮年資，所以所有同事都知道年資是不值錢的，公司不會因做得久，而給予肯定。

這種績效第一的策略，表現在許多地方，例如：調薪時，一定要先打考績，而只有考績在前二分之一的員工才能調薪。如果考績在後二分之一的員工要調薪，就要大費周章，由主管仔細敘明理由，層層向上簽核，一直到最高主管同意，才能調薪。

又例如：年終獎金如果有兩個月，就必須拆成兩部分，一部分是只要工作滿一年就可領到的年資獎金，另一部分則是考績獎金，按考績結果給予完全不同的獎金。通常年資獎金只占很小部分。兩個月的年終，通常人人有份的年資獎金只占〇．五個月，而另外的一．五個月，都是績效獎金，而考績的結果，最好的人可能可以領三個月，而最差的人則完全沒有獎金，所以全公司的年終獎金，經過評比後，最高的人可以領三．五個月，而最差的人則只有〇．五個月，這充分顯示了公司只重視績效，所有的升遷獎勵，都要以績效為準，在公司中做得久，一點都不重要，公司只相信績效好，才有功勞。績效不好，就沒功勞，當然也就沒有苦勞。

績效第一的策略，還表現在絕少有一視同仁，雞犬一起升天的福利。以旅遊為例，也是按各單位的營運，採取完全不同的獎勵，所有福利，也都要根據考核結果，給予因單位、因人而異的不同待遇。

我還灌輸所有主管一個觀念：那就是薪水不是只會加，也會減。長期考績不佳的同事，薪水也可能向下調整。這個觀念是要大家知道要注重績效，沒有永遠的保障。

只是我經營公司這麼多年，從來沒有因長期考績不佳，而給予減薪的例子，這畢竟是極端不正常的情況，可能同時也顯示了主管的失職，所以從來沒有發生過。

一切績效至上的公司，會不會少了一點人情味呢？當然會。有時看到一些年資很長，但薪水不高的同事，我也很替他們痛心，會設法安慰，只是多數時候，公司資源都只夠用來獎勵績效，無法考慮人情。

終於有一年，公司的業績表現特別好，我爭取到一筆額外獎金，因為是額外獎金，所以正常績效獎勵都已做完。如果又以績效考量，就有重複獎勵之嫌，於是我決定兼顧人情。

我讓人資統計，公司中服務滿十五年、滿十年的人數，分別是七十人及一百一十一人，我決定給他們一個意外的驚喜，分別加發一個月及半個月的薪資，總計發了一千餘萬。

事後一個老員工給我留言：「執行長，謝謝你看到我們老人的努力。」我知道兼顧人情有用！

67. 老闆的廉價關心

老闆對員工的關心，一定是要貨真價實，員工才會死心塌地的認同，如果只是表象的口惠，或者是祕書代行的形式心意，都只會換來工作者的不滿。

念書的時候，有一個知名的將軍在學校任教，他和學生們有很好的互動，經常約成績好的同學私下聊天，同學們也頗感光榮，能獲得老師親近。可是後來同學之間傳出了一件事，使得老師與同學的互動開始變質。

有同學先拿到一枝軍中的紀念筆，老師說這是他服務軍旅時的光榮印記，只有這一枝，拿到筆的同學又感動、又驕傲。不料，事後發覺還有其他同學也拿到相同的筆，而且不止一人，同學們對拿到筆的感動大幅減退，老師獨一無二的關心，變成大家都有的一般關心。

開始工作後不久，我遇到一個非常友善的老闆，每當我們做完事，他都會表示認同與關心；我們過生日時，也會收到生日賀卡。剛開始，我對這個老闆的貼心十分感念，可是慢慢就觀察到：對同事的認同與關心，完全是他的「口頭禪」，任何人做任何事，不論做得好與壞，他都會隨口表示關心。而且我們也發覺，生日賀卡是他的祕書處理的例行公事，這個主管根本不知道我們何時生日。知道這些事之後，我們對這個老闆的認同也就逐漸淡了。

作為一個工作者，我能清楚的分辨老闆是真心關心我，還是只是例行公事式的廉價關心。對老闆的廉價關心，我完全不會在意，也沒有感覺。

什麼是廉價的關心？如果老闆對下屬的對應，已經變成系統自動發生的事，這就是制式的廉價關心。像是由人資單位發出的生日賀卡、由老闆祕書自動發布的問候，老闆在整件事的過程中既無參與、也無了解，這就是制式化的廉價關心，收到的人只感受到例行公事的、冰冷的問候，缺乏人的溫暖。

所有老闆或主管的關心，一定要親力親為，才是誠意十足。發一張賀卡、寫一封**e-mail**，或者當面說一句問候、肯定的話，都必須是發自內心的表達，說出內心真正的感受，才能讓接受訊息的人體會到滿滿的誠意。

對部屬表示認同和肯定時，我一定會審慎出口，確保部屬是真正做了好事，以免流於浮濫，太過頻繁。人人都有的認同，就會淪為廉價的關心。

表示肯定時，我也絕對不會只是隨口一句「做得好」（Good Job）。我的肯定一定是我由衷的感受，而且有具體的劇情描述，甚至還要加上充滿情感的肢體語言，讓被肯定者清楚明白被肯定的原因，能感受到自己的價值。

關心是老闆與部屬交心的過程，但前提必須是真心誠意，廉價的關心不但無益，反而有害。

第26章

原諒vs.責難

當部屬犯錯時，

要原諒還是要責難？

犯錯就必須責備，原諒是例外

我是一個沒有架子的人，因此當我被升成主管時，我也不認為與一般人有什麼不同。因為我和大家都一樣，對很多事我都一筆帶過。

以同事犯錯為例，我覺得每一個人對犯錯應該都是深惡痛絕，自責極深，既然已自責極深，又何須組織來檢討呢？因此對同事的錯，我通常都一筆帶過，不太去責難同事。我覺得諒解是主管應該會做的事。

可是日子久了，許多部屬向我反映，認為我是非不明，事理不清。我自覺極為公平，而且是非分明，有此評價，甚為意外。經過仔細深究之後，發覺是因我對同事犯錯時一筆帶過的態度使然。

部屬們普遍認為，當同事犯錯時，我這個做主管的缺乏明確懲惡揚善的態度，對錯誤並未明確譴責，而僅輕鬆帶過，這不就是鼓勵犯錯嗎？

他們告訴我，對同事所犯的錯，我應該在公開場合，明確究責，明令所有人不可再犯同樣的錯；必要時，更要給當事人適當的處分，這樣才能明紀律、正綱紀！

我的體諒與善意，竟然被視為事理不分，從此我改變了對犯錯的處理態度，只要犯錯就必須公開表態責備，重申所有人不可再犯。至於是否要懲罰，則可以視情節輕重而定。

每一次的犯錯，變成我再一次重申組織紀律的場合，我會借此機會，說明公司的價值觀、態度，並重新檢討工作流程，以避免犯錯。

有原則就有例外，有些犯錯我會省略責備，因為當事人的錯誤情有可原，所以我只要求大家不可犯類似的錯誤，但是並不責怪當事人。

為什麼會原諒當事人？其中一個原因是當事人已盡了所有的努力，去預防可能的犯錯，但是因意外發生，導致錯誤仍然出現，這種錯誤只能歸責在意外，當事人並沒有錯，所以我會原諒當事人，不會追究責任。

另一種狀況是當事人已經努力完成工作，但或許是因為所訂目標太高，或者因為能力不足，導致無法完成百分之百的任務，僅能以折扣完成。

這種狀況，只要差距不要太大，我也會帶著鼓勵的態度，體諒當事人的努力，不再深究，只要求他們下次應盡全力完成任務。

身為主管面對錯誤，嚴厲究責是應該要有的態度，尤其應該注意要公開透明，這才是表現主管的是非態度，讓所有的同事有所依循，以昭炯戒。

主管的原諒則代表主管擁有一顆柔軟的心，能夠分辨部屬的痛苦和困難，給予他們自我檢討和反省的機會，這對所有員工也是一種鼓勵，知道主管不只是雷厲風行，還會體諒工作者。

68. 別怪豬隊友！

網路上常有探討「豬隊友」的文章，似乎大家都對不稱職，常會出狀況的隊友、同事，有許多的不滿，因為會給團隊帶來許多困擾。

可是我們真的應該怪罪豬隊友嗎？怪罪了之後，真的對事情就有用嗎？

網路上常有取笑「豬隊友」的文章，似乎大家都對不稱職的同事、會出狀況的隊友、會給工作帶來困擾的夥伴，有許多不滿及抱怨，也都認為遇到豬隊友是倒楣的事，因此都對豬隊友極盡取笑之能事！

每次我看到這樣的說法，都不能認同，我認為這是扭曲事實的事。職場上，真的有這麼多豬隊友嗎？這些豬隊友真的給其他人帶來這麼多困擾嗎？他們應該被如此取笑羞辱嗎？

根據經驗，團隊中並不存在豬隊友，只存在可能會犯錯的隊友，而這些隊友，每一次犯錯並不見得都是同一人，而是每個人都可能犯錯，所以團隊中並不存在常常犯錯的豬隊友，而是大家都有可能變成偶然犯錯的豬隊友。

所以別指稱別人是豬隊友，因為我們自己也可能變成犯錯的豬隊友。

因此當隊友犯錯時，別責怪、別抱怨，要當作是組織的常態，犯錯是必然的現象，我們最好把別人犯的錯，當作是自己犯的錯，並努力去補救，嘗試去改正，別讓錯誤造成更大的傷害，試圖讓錯誤化解於無形。

要諒解隊友所犯的錯。試想我們自己犯錯時，一定非常懊惱、非常沮喪、非常難過，這時如果有隊友責怪你，我們必然痛苦萬分。所以將心比心，當隊友犯錯時，我們最好的態度是接受、面對，然後諒解。

接受是第一步，錯誤已是事實，接受錯誤讓我們可以心平氣和的面對，而進入處理階段，才有機會化解錯誤帶來的災難。

理解了人人都可能是豬隊友的道理後，我們才不至於對豬隊友另眼看待，也不至於抱怨、討厭豬隊友。

可是團隊中萬一真的有豬隊友呢？

團隊中是真的可能有豬隊友的，團隊中確實有人可能是最年輕、缺乏經驗，也有可能是能力較差，有所不足的，當然團隊中也可能有人少根筋，以至於常常犯錯。

身為團隊中的一員，沒有人能選擇其他團隊成員，只能接受，所以如果真的遇到了豬隊友，我們也不能拒絕！

對這些常犯錯的隊友，抱怨是最錯誤的對策。因為抱怨不會讓豬隊友離開，也不會讓豬隊友變好，只會讓自己與豬隊友之間產生嫌隙，而加深了對立，甚至因而產生爭執。

正確的態度是：理解豬隊友的問題及其不足的地方，隨時準備補位，當他們犯錯時，有人可以立即採取行動，以彌補錯誤，讓一切回歸正軌。

真正需要對豬隊友採取行動的是部門主管，部門主管必須要針對豬隊友的問題，提出限時有效的具體解決方案，主管必須告訴豬隊友，他有些不足，對這些不足，必須限期協助改善，這是主管該做的事。

在組織中工作，人人都可能是豬隊友，要接受、諒解，不要抱怨！

69. 絕不責備的兩種錯誤

主管對部屬犯的錯，理論上一定會檢討、責難，但有沒有不應該責難的狀況呢？

有兩種狀況，不應該責難部屬。第一種狀況是部屬已經盡了所有的努力，去防範災難的發生，但卻因意外及運氣不佳，而發生災難。

第二種狀況是如果目標過高，而部屬也已經盡全力去完成，但卻未達目標，對已盡力的部屬不應責備。

我們的一個出版團隊出了一本書，書中一張照片被攝影師提告侵權，求償鉅額賠償金。由於侵權事實罪證確鑿，我立即讓法務處理，務必以和解完成，以避免上法庭，而讓同事遭受侵犯著作權刑責。

這個團隊的主管自責極深，完全是因為他相信作者的陳述，在尚未取得攝影師授權就將全書付印，才導致攝影師提告。

這違反了公司的規定，我們規定所有的內容物，都要取得完整明確的授權文件才能出版，而涉及侵權的照片，是由作者提供，作者認為攝影師是他朋友，使用應沒問題。這位主管還提醒作者，必須要讓攝影師簽署授權文件才能使用，作者也同意處理，可是直到出版前，授權文件仍未取得，編輯一再催促，作者回答攝影師已經口頭同意，但因其人在國外，須等其回國後辦理。由於作者再三保證可以取得授權，沒想到攝影師回國後反悔提告，而使我們公司受到傷害。

我了解了整個事實經過後，找來了十分懊悔的主管；我安慰他，你已做了應做的事，雖然違反了要取得完整授權文件才能出版的規定，但這是因受作者誤導，情有可原，只要下次小心，不再從權處理就好。

我並沒有責備，也沒有追究相關人員的責任，因為這個狀況符合我絕對不責備的錯誤。對於同事應注意，而且已注意，並按公司規定辦理的事，如果產生錯誤，這屬於不可抗力的意外，我們只能全力防範、善後，而相關工作人員不應被責難，也不應被處罰。

另一個部門，我給他們訂了一個相當具有挑戰性的業績目標，這個主管也是雄才大略，勇於任事，從年初開始就動員整個團隊衝刺目標。結果上半年只達成全年四

○%，到第三季末，離今年目標也還有相當的距離。但這位主管仍不放棄，採取許多非常手段去增加業績，雖然有些微成果，可是全年結束，這個單位仍然未能完成目標，只達成近九成業績。

在檢討會中，這位主管率領團隊對未能達成目標致歉。我看在眼中，十分感動。我私下約談了這位主管，肯定他的投入與努力，也謝謝他為公司所做的事，至於業績沒達成，只要全力以赴努力過，我們就對自己有交代，傷心只要一天，明年努力完成就好。

這是我絕不責備的錯誤的第二種狀況，當事人已十分努力，但仍無法完成任務，且當事人也十分傷心、痛苦、難過、懊悔，對一個已自責很深，自我檢討的人，外在的責備都是多餘的。

我是信賞必罰的人，對錯誤更是難以忍受，務必究責到底，期能記取教訓，以免再犯。可是長期以來，我也發覺有些錯誤是組織中的必然，如果犯錯者事出有因，情有可原，也知所檢討，有時候理解正是組織對團隊的溫柔。

國家圖書館出版品預行編目（CIP）資料

主管的兩難抉擇：全能主管的必經之路／
何飛鵬著. -- 初版. -- 臺北市：商周出版：
家庭傳媒城邦分公司發行, 2019.10
　面；　公分
ISBN 978-986-477-722-8（平裝）
1. 企業領導　2. 組織管理
494.2　　108014270

新商業周刊叢書 BW0723

主管的兩難抉擇

全能主管的必經之路

作　　者／何飛鵬
文字整理／黃淑貞、李惠美
編輯協力／林嘉瑛
責任編輯／鄭凱達
版　　權／黃淑敏、翁靜如
行銷業務／莊英傑、周佑潔、王　瑜、黃崇華

總 編 輯／陳美靜
總 經 理／彭之琬
事業群總經理／黃淑貞
發 行 人／何飛鵬
法律顧問／台英國際商務法律事務所　羅明通律師
出　　版／商周出版
臺北市104民生東路二段141號9樓
電話：(02) 2500-7008　傳真：(02) 2500-7759
E-mail: bwp.service @ cite.com.tw
發　　行／英屬蓋曼群島商家庭傳媒股份有限公司　城邦分公司
臺北市104民生東路二段141號2樓
讀者服務專線：0800-020-299　24小時傳真服務：(02) 2517-0999
讀者服務信箱E-mail: cs@cite.com.tw
劃撥帳號：19833503　戶名：英屬蓋曼群島商家庭傳媒股份有限公司城邦分公司
訂購服務／書虫股份有限公司客服專線：(02) 2500-7718；2500-7719
服務時間：週一至週五上午09:30-12:00；下午13:30-17:00
24小時傳真專線：(02) 2500-1990；2500-1991
劃撥帳號：19863813　戶名：書虫股份有限公司
E-mail: service@readingclub.com.tw
香港發行所／城邦（香港）出版集團有限公司
香港灣仔駱克道193號東超商業中心1樓
電話：(852) 2508-6231　傳真：(852) 2578-9337
馬新發行所／城邦（馬新）出版集團
Cite (M) Sdn. Bhd.
41-3, Jalan Radin Anum, Bandar Baru Sri Petaling, 57000 Kuala Lumpur, Malaysia.
電話：(603) 9056-3833　傳真：(603) 9057-6622　讀者服務信箱：services@cite.my

封面設計／FE Design葉馥儀
印　　刷／鴻霖印刷傳媒股份有限公司
經 銷 商／聯合發行股份有限公司　電話：(02) 2917-8022　傳真：(02) 2911-0053
地址：新北市新店區寶橋路235巷6弄6號2樓

■2019年10月3日　初版1刷
■2023年2月24日　初版8.5刷
Printed in Taiwan

城邦讀書花園
www.cite.com.tw

定價420元
ISBN 978-986-477-722-8